奇妙的

动物王国

主编◎王子安

Animal

汕頭大學出版社

图书在版编目（C I P）数据

奇妙的动物王国 / 王子安主编. -- 汕头 : 汕头大学出版社，2012.5(2024.1重印)
ISBN 978-7-5658-0808-1

Ⅰ. ①奇… Ⅱ. ①王… Ⅲ. ①动物－青年读物②动物－少年读物 Ⅳ. ①Q95-49

中国版本图书馆CIP数据核字(2012)第097712号

奇妙的动物王国　　QIMIAO DE DONGWU WANGGUO

主　　编：王子安
责任编辑：胡开祥
责任技编：黄东生
封面设计：君阅书装
出版发行：汕头大学出版社
　　　　　广东省汕头市汕头大学内　邮编：515063
电　　话：0754-82904613
印　　刷：三河市嵩川印刷有限公司
开　　本：710 mm×1000 mm　1/16
印　　张：16
字　　数：90千字
版　　次：2012年5月第1版
印　　次：2024年1月第2次印刷
定　　价：69.00元
ISBN 978-7-5658-0808-1

前言

浩瀚的宇宙,神秘的地球,以及那些目前为止人类尚不足以弄明白的事物总是像磁铁般地吸引着有着强烈好奇心的人们。无论是年少的还是年长的,人们总是去不断的学习,为的是能更好地了解我们周围的各种事物。身为二十一世纪新一代的青年,我们有责任也更有义务去学习、了解、研究我们所处的环境,这对青少年读者的学习和生活都有着很大的益处。这不仅可以丰富青少年读者的知识结构,而且还可以拓宽青少年读者的眼界。

动物界是这浩瀚宇宙万物中的一个必不可少的组成部分,它无比奇妙,既有飞翔的鸟虫,也有游水的鱼虾;既有飞奔的虎豹,也有倦伏的牛马;既有温和、可爱的猫狗,也有凶猛、野蛮的豺狼。当然,作为一种生命,动物们不仅有自己的历史、自己的家族,而且也有着自己的生存之道、自己的故事。所以,走进这个由千万种动物组成的“精灵的王国”,你一定会乐趣无穷。本书即是讲述了与动物相关的知识,分别介绍了腔肠动物、软体动物、棘皮动物、节肢动物、鱼类动物、两栖动物、爬行动物、鸟类动物、哺乳动物等相关的内容。通过阅读本书,可以让读者明白,地球是一个大家园,因为有所有的动物,地球才不会失衡。人类发展很快,在我们建设美好家园的同时应该给动物们留下生存的空间。

综上所述，《奇妙的动物王国》一书记载了动物王国中最精彩的部分，从实际出发，根据读者的阅读要求与阅读口味，为读者呈现最有可读性兼趣味性的内容，让读者更加方便地了解历史万物，从而扩大青少年读者的知识容量，提高青少年的知识层面，丰富读者的知识结构，引发读者对万物产生新思想、新概念，从而对动物王国有更加深入的认识。

此外，本书为了迎合广大青少年读者的阅读兴趣，还配有相应的图文解说与介绍，再加上简约、独具一格的版式设计，以及多元素色彩的内容编排，使本书的内容更加生动化、更有吸引力，使本来生趣盎然的知识内容变得更加新鲜亮丽，从而提高了读者在阅读时的感官效果，使读者零距离感受世界万物的深奥。在阅读本书的同时，青少年读者还可以轻松享受书中内容带来的愉悦，提升读者对万物的审美感，使读者更加热爱自然万物。

尽管本书在制作过程中力求精益求精，但是由于编者水平与时间的有限、仓促，使得本书难免会存在一些不足之处，敬请广大青少年读者予以见谅，并给予批评。希望本书能够成为广大青少年读者成长的良师益友，并使青少年读者的思想得到一定程度上的升华。

2012年7月

目　录
contents

第一章　腔肠动物

第二章　软体动物

第三章　棘皮动物

第四章　节肢动物

第五章　鱼类动物

第六章　两栖动物

第七章　爬行动物

第八章　鸟类动物

第九章　哺乳动物

第一章

腔肠动物

腔肠动物，是有腔肠的动物类群所成的一门。分为有刺胞类和无刺胞类2个亚门，前者有刺细胞，后者有粘细胞；由于后者完全不具水螅型，所以也可把两者各作为独立的门，即有刺胞动物门和有栉板动物门。一般认为成体仍保持着原肠胚的形态。身体仅由外胚层和内胚层所构成，无中胚层。内外两胚层之间充有琼质样的胶质，称为胶质层。由内胚层形成的原肠即为腔肠。内胚层细胞司消化作用进行细胞内消化。原口可成为成体的口。

腔肠动物有无性生殖和有性生殖两种。无性生殖常以出芽方式形成群体。有性生殖多为雌雄异体，水螅纲的生殖腺由外胚层形成，但钵水母纲和珊瑚纲的生殖腺却来自内胚层，生殖细胞由间细胞而来。海产种类在胚胎发育过程中有浮浪幼虫期。水螅纲和钵水母纲的大部分种类存在世代交替现象。营固着生活的水螅体为无性世代；营自由生活的水母体为有性世代。水螅体以无性生殖（出芽或横裂）产生水母型个体，水母体以有性生殖的方式产生水螅型个体。两种世代有规律的相互交替。在这一章里，我们就来一起走进腔肠动物的世界。

水螅纲

本纲种类很多，多数生活在海水中，少数生活在淡水。生活史中有固着的水螅型和自由游泳的水母型。水螅型结构简单，只有简单的消化循环腔。水母型有缘膜，触手基部有平衡囊，生殖腺由外胚层形成，生活史中有世代交替现象。本纲约有3700种，代表动物有：水螅、生活在珠江流域的淡水棒螅和海栖的薮枝螅等。

◆ 水　螅

腔肠动物中仅有少数种类产于淡水，且均属水螅纲。腔肠动物中包括：一种为群体型者，产于美国东部小数河水中；一种为水母，与钩手水母相似，散于世界各地的池沼、河流中；一种为水螅，在淡水中最易获得的。

在水螅纲动物中，水螅时刻在运动，它能由基部慢慢滑动一天之内可行走几厘米；但也能作较快的翻筋斗，由于触手及基部轮替与固着物接触而向前运动。

水螅在分类上属于低等无脊椎动物，腔肠动物门、水螅虫纲。其

大量水螅聚集在一起

体成辐射对称。体壁由内外两层细胞构成，中间有中胶层。水螅因为没有骨骼，必需靠体壁的中胶层来支持身体。在外层细胞中有好几种特化细胞，其中以刺囊细胞为腔肠动物所特有。神经细胞专司感觉；而刺囊细胞，其分布在体壁的外层及触手上，而且绝大多数分布在触手上，在其游离端有一个刺针，细胞内有一个刺囊，囊内藏着一条细管，当刺针受到刺激时，细胞就把刺囊释出来，囊内的长管翻出捕食、御敌或附着在其他物体上。内层细胞具有腺细胞和鞭毛细胞，腺细胞可在消化腔中分泌酵素，可以在细胞外消化。鞭毛细胞可伸出伪足将食物摄入形成食泡来进行消化。

在水螅的个体中央有一个有口而无肛门的消化循环腔或称为腔肠。向外有一个开口，即为口，口的周围有触手，可以做作运动或捕

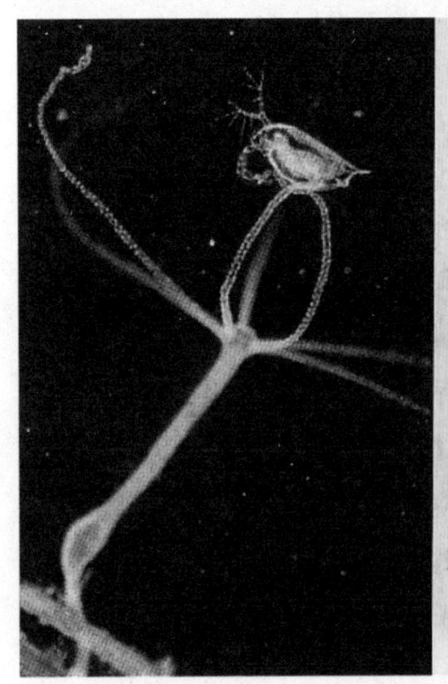
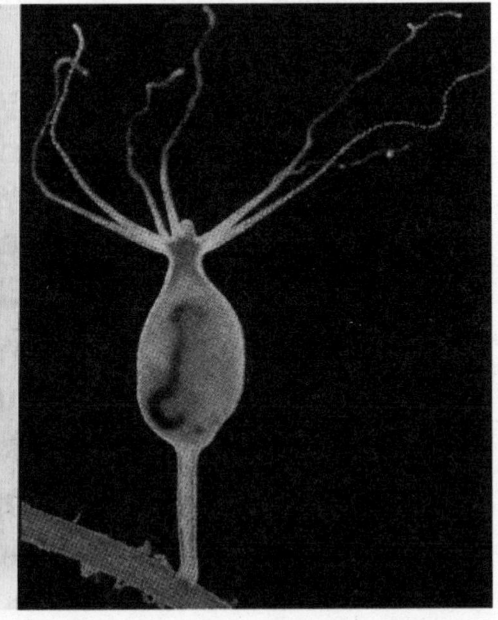

水　螅

食的工作。水螅虽然有许多特化细胞，但还没有组织、器官的特化。

水螅的组织，在腔肠动物中算是比较简单的，在光学显微镜下，很难加以分析，水螅身体由内外两层细胞构成，内层比外层厚，并且具有液泡，两层之间被中胶质分隔，都含有未分化的间叶细胞，外层中的间叶细胞常集聚成块，遇到任何细胞损坏，都没法补救，除非大多数的间叶细胞变为刺细胞，内层包括二类细胞：一种为腺细胞能够分泌蛋白质分解酶；另一种为消化细胞能够吸取食物的颗粒。

电子显微镜显示水螅的体壁，上边覆盖有一层很薄的角质，收缩纤维的末端通常和相邻纤维末端接近，而且常常深入于中胶质中，腺细胞没有纤维，而且不与中胶质相连；腺细胞和消化细胞都有鞭毛，具有正常的鞭毛构造，但是唯一的区别是它比其他主物的鞭毛稍微粗一点，奇怪的是，虽然许多研究证明水螅有神经系统，但是到目前为止，电子显微镜还没有发现它。

◆ 桃花水母

桃花水母生殖腺呈红色，常发生在桃花盛开的季节，水母在水中漂游，白水夹红色，酷似桃花，故称桃花水母。桃花水母产于我国四川嘉陵江及长江沿岸各湖泊中，因其盛发期正值长江天然鱼类产卵期，对鱼苗危害性很大。

桃花水母体呈圆伞形，渔民根据其体形称其为降落伞鱼。水母体直径约1~2厘米，下伞中央有一长垂管，末端为口，内通消化循环腔、4条辐管及伞边缘的环管。在每一条辐管下面由外胚层形成红色的生殖腺，雌雄异体。由伞边缘向下伞中央伸展出一圈多肌纤维的缘膜。由于肌纤维的收缩，水由缘膜孔进出，使之游泳前进。伞的边缘上有很多触手，伸缩性强，其中4

条很长，有感觉作用。感觉器官为平衡囊，由位于触手基部的内胚层形成，数目较多。桃花水母的水螅型，个体很小，约3毫米，有很多分枝，上有刺细胞，无触手，由刺细胞捕捉食物，在其中的一种分枝上着生水母芽，逐渐长大，成为有性的水母，但世代交替现象不甚明显。

钵水母纲

钵水母纲或称水母纲（真水母纲）。本纲动物全部海产，水母型极发达，感觉器官为触手囊，无缘膜，水螅型退化成没有，生殖腺起源于内胚层。本纲约200种，常见的有：

◆ 水　母

水母的出现可追溯到6.5亿年前。水母的种类很多，全世界大约有250种左右，直径从10厘米到100厘米之间，常见于各地的海洋中。中国常见的约有8种，即海月水母、白色霞水母、海蜇、口冠海蜇等。水母的寿命大多只有几个星期，也有活到一年左右，有些深海的水母可活得更长些。普通水母的伞状体不大，只有20～30厘米长，但霞水母的巨伞直径可达2米，下垂的触手长达20～30米。

水母身体的主要成分都是水，非常柔软。它的身体外形像一把伞，伞体直径有大有小，大水母的伞状体直径可达2米。伞状体边缘长有一些须状条带，这种条带叫触手。水母的触手上不满刺细胞，这

水　母

种刺细胞能射出有毒的丝，每当遇到“敌人”或猎物时，刺细胞就会射出毒丝，把“敌人”吓跑或捕获并毒死猎物。

海月水母是海洋中最常见的一种水母。它们的伞无色透明，呈圆盘状，伞缘有很多触手，其身体内98%是水。海月水母利用“钟罩”（伞）四周垂在水中的口腕捕捉小鱼，用带褶边的触手将猎物麻醉后拉入口中。海月水母的毒刺虽不会使人丧命，却能引起刺痛感。

◆ 海　蜇

海蜇为海生的腔肠动物，隶属腔肠动物门，钵水母纲，根口水母目，根口水母科，海蜇属。蜇体呈伞盖状，通体呈半透明，白色、青色或微黄色，海蜇伞径可超过45厘米、最大可达1米，伞下8个加厚的腕基部愈合使口消失，下方口腕处有许多棒状和丝状触须，上有密集刺丝囊，能分泌毒液。其作用是在触及小动物时，可释放毒液麻痹，以做食物。海蜇在热带、亚热带及温带沿海都有广泛分布，我国习见的海蜇有伞面平滑口腕处仅有丝状体的食用海蜇或兼有棒状物的棒状海蜇，以及伞面有许多小疣突起的黄斑海蜇。

海蜇的生活周期历经了受精卵→囊胚→原肠胚→浮浪幼虫→螅状幼体→横裂体→蝶状体→成蜇等主要阶段。除精卵在体内受精的有性生殖过程外，海蜇的螅状幼体还会生出匍匐根，不断形成足囊。甚至横裂体也会不断横裂成多个碟状体，以无性生殖的办法大量增加其个体的数量。

一般，食用海蜇有4类。其中海蛰、黄斑海蜇和棒状海蜇3种在我国均有分布。海蜇为暖水性大型食用水母。伞径部隆起呈馒头状，直径最大为1米，为我国食用水母的主体。棒状海蜇个体较小，伞径为40～100毫米，中胶层薄，数量很少；仅分布于我国的厦门一带海区，也见于马达加斯加。黄斑海蜇主产于南海，伞径250～350毫米，分布于我国、日本、菲律宾、马来西亚、泰国、印度尼西亚、印度洋和红海。除海蜇属的种类外，在食用水母类中还有口冠水母科的沙蜇、叶腕水母科的叶腕海蜇和拟叶腕海蜇。在我国食用水母中，海蜇占80%以上。

我国近海北起鸭绿江口、南至北部湾的水域均有海蜇分布。资源量历史上以浙江近海最为丰富，但于20世纪80年代后大幅下降；只有辽东湾资源量大幅上升，为全国最大的主产区。海蜇为一年生个体，群体由单一世代组成，由此决定了其资源量的不稳定性。即使是在同一海区，不同年份的资源量也有较大波动。影响海蜇资源量变动的主要原因，是对幼蜇的乱捕及环境的变化。

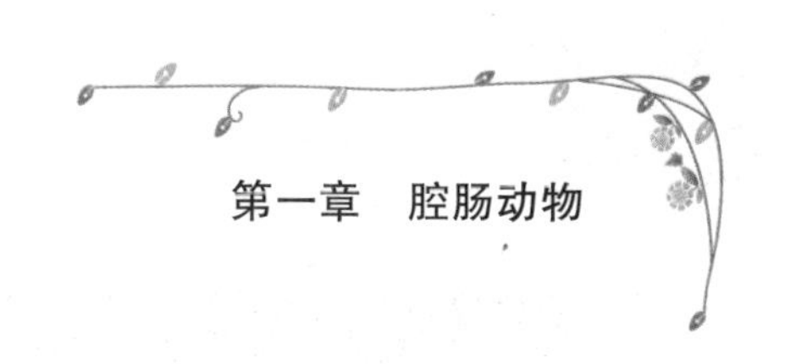

珊瑚纲

珊瑚纲全部海产，只有水螅型（单体或群体），没有水母型。有外胚层下陷形成的口道。口道两侧有一纤毛的口道沟，因而体呈左右辐射对称。消化循环腔中有内腔层突出的隔膜，其数目为8个、6个或6的倍数。生殖腺由内胚层形成。中胶层内有发达的结缔组织。多数种类具有石灰质的外骨骼。

◆ 海　葵

海葵目共有1000种以上。直径从数公釐到约1.5米不等。体圆柱状，口周围有花瓣状触手，触手数常为6的倍数，通常为黄、绿或蓝色。基端附著在硬物上，如岩石、木头、海贝或蟹背上。一般为单体，无骨骼，富肉质，因外形似葵花而得名。口盘中央为口，周围有触手,少的仅十几个，多的达千个以上,如珊瑚礁上的大海葵。触手一般都按6和6的倍数排成多环，彼此互生；内环先生较大,外环后生较小。触手上布满刺细胞，用做御敌和捕食。大多数海葵的基盘用于固着，有时也能作缓慢移动。少数无基盘，埋栖于泥沙质海底，有的海葵能以触手在水中游泳。

海葵的身体圆柱形，体表坚韧。海葵身体的上端有一个平的四盘，周围有许多中空的触手。身体下端是一个基盘，能够紧紧地固着在海中的物体上。海葵在水中不受惊扰时，触手伸张得像葵花，所以叫做海葵。若受惊扰时，整个口盘可以全部缩入消化腔中。海葵的基盘在物体上附着得很紧，用力把它从附着物上取下来时，它身体基部

海 葵

的一部分仍会碎留在附着物上。

海葵的食性很杂，食物包括软体动物、甲壳类和其他无脊椎动物甚至鱼类等。这些动物被海葵的刺丝麻痹之后，由触手捕捉后送入口中。在消化腔中由分泌的消化酶进行消化，养料由消化腔中的内胚层细胞吸收，不能消化的食物残渣山口排出。

海葵广布于海洋中，多数栖息在浅海和岩岸的水洼或石缝中，少数生活在大洋深渊，最大栖息深度达10 210米。在超深渊底栖动物组成中，所占比例较大。这类动物的巨型个体一般见于热带海区，如口盘直径有1米的大海葵只分布在珊瑚礁上。

◆ **珊 瑚**

珊瑚是一种被称为珊瑚虫的身

体柔软的小腔肠动物大量群居而形成的。这些珊瑚虫在白色的幼虫阶段便自动固着在先辈珊瑚的石灰质遗骨堆上。它们依靠自己的触手来捕捉食物，并分泌出一种石灰质来建造自己的躯壳。在生长过程中，为了能更多地捕捉食物和吸收阳光，它们除向上生长外，还向前后、左右扩展，形成似树枝状的生物群体。通常，我们能在清澈的热带浅海海域发现很多的珊瑚。

珊瑚的身体由2个胚层组成：位于外面的细胞层称外胚层；里面的细胞层称内胚层。内外两胚层之间有很薄的、没有细胞结构的中胶层。这类动物无头与躯干之分，没有神经中枢，只有弥散神经系统。当受到外界刺激时，整个动物体都有反应。

随着珊瑚虫的成长死亡，它们尸体的硬壳不断堆积，最后就形成珊瑚礁。而可以构成珊瑚礁的物种必须生活在明亮、温暖、清洁的水中。

世界上最大的珊瑚礁是澳大利亚昆士兰州近海的大堡礁，长约2000千米，是地球上迄今为止由生物形成的最大的物体。是距今15 000年前的珊瑚一点点长成的。这里是成千上万种海洋生物的安居之所，其中包括1500种鱼类、4000种

红珊瑚

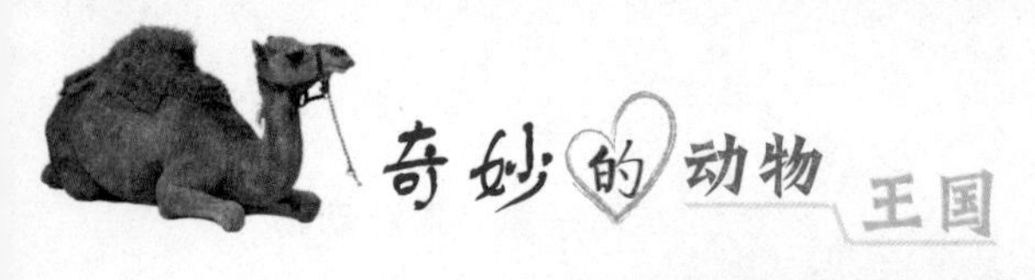

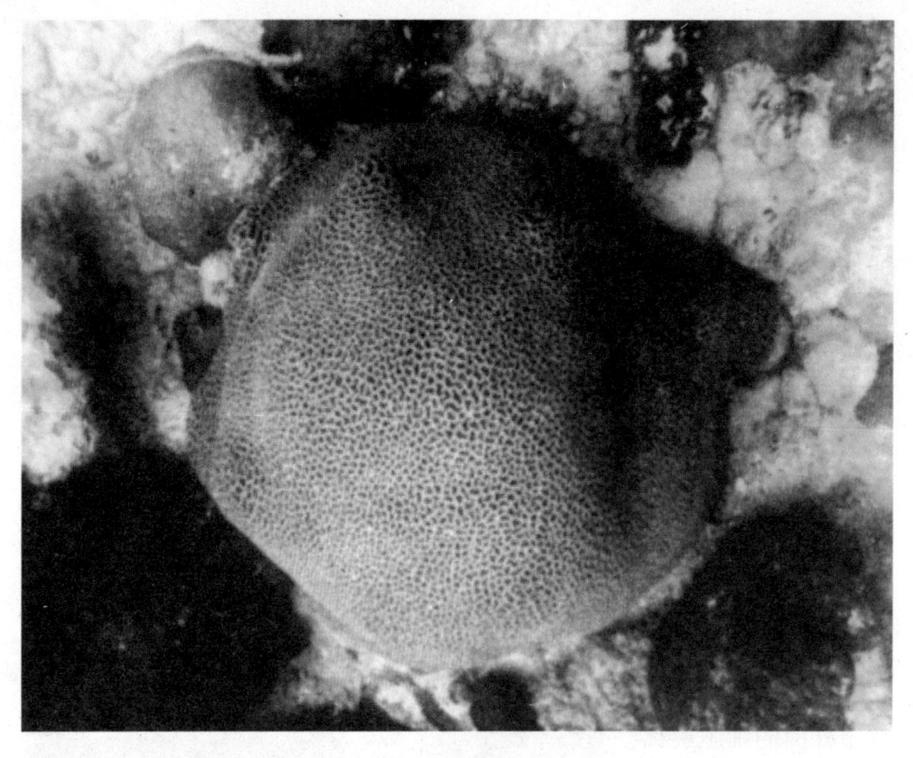

脑珊瑚

软体生物、350种珊瑚家族以及多种鸟类和海龟等，构成了世界最大的生态系统。由于这里的生态环境至今仍未受到污染和破坏，故这些生物仍保留了最原始的面貌。

珊瑚种类繁多，最常见的有以下几种：

红珊瑚：红珊瑚与多数珊瑚不同，它们的珊瑚虫呈白色，多生长在黑色、粉红色或红色的骨骼上，而多数珊瑚的珊瑚虫颜色鲜艳，生长在灰白色的骨骼上。红珊瑚非常稀少，因为它们多生长在200米深的光线较暗的海底。红珊瑚不一定都是红色。事实上，红珊瑚的颜色有血红、粉红、橙黄和白色。

脑珊瑚：脑珊瑚呈圆形，体表有深深的凹槽，看上去就像人的大脑皮层一样。这类珊瑚通常有一排排珊瑚虫的触手整齐地排列在珊瑚虫的两侧而形成，口长在底部，形如凹槽。脑珊瑚的这种圆形构造有助于它们承受海浪的冲击。

柳珊瑚：柳珊瑚，也被称为海扇，扇面上密布着细密的纹理，很像叶子的脉络。柳珊瑚靠它们的羽状触须捕食。细小纷杂的触须顺着海水水流的方向生长，这样，它们可以捕捉到海水流动时所带来的海阳小动物和植物。近年研究发现，从柳珊瑚中可以分离出柳珊瑚酸。这种酸具有强烈的生理活性和心肌毒性，是一种很重要的天然海洋生物资源。

鹿角珊瑚：鹿角珊瑚能不断分叉，看上去就像雄鹿的角一样，故

鹿角珊瑚

而得名。鹿角珊瑚是珊瑚中的大型个体，最高可达1米。其分枝粗壮、侧扁，顶端圆钝。鹿角珊瑚为造礁珊瑚的一种，但因其比较容易破碎，所以常生长在热带海洋的珊瑚礁内及浅海潮下的礁石内。体形较大的鹿角珊瑚丛如同浓密的水下森林，为许多动物提供了栖身之地。

第二章

软体动物

软体动物是动物界中的第二大门。软体动物是三胚层、两侧对称,具有了真体腔的动物。软体动物的真体腔是由裂腔法形成,也就是中胚层所形成的体腔。身体柔软，一般左右对称，某些种类由于扭转、屈折，而呈各种奇特的形态。通常有壳，无体节，有肉足或腕，也有足退化的。外层皮肤自背部折皱成所谓外套，将身体包围，并分泌保护用的石灰质介壳。呼吸用的鳃生于外套与身体间的腔内。水陆各地都有分布。包括双神经纲（如石鳖）、腹足纲（如鲍、蜗牛）；掘足纲（如角贝）、瓣鳃纲（如蚶、牡蛎）、头足纲（如乌贼、鹦鹉螺）等。

软体动物分布于各种生境，如海水、淡水、陆地（尤其是林地，甚至干燥地区）。某些腹足纲是其他动物的内寄生物，软体动物有重要经济意义。许多水生种类，尤其是蛤、牡蛎、扇贝和贻贝都可供食用，可进行捕捞或养殖。软体动物的形态结构变异较大，但基本结构是相同的。身体柔软，具有坚硬的外壳，身体藏在壳中，藉以获得保护，由於硬壳会妨碍活动，所以它们的行动都相当缓慢。不分节，可区分为头、足、内脏团三部分，体外被套膜，常常分泌有贝壳。足的形状像斧头，具有两片壳，如牡。在这一章里，我们就来一起走进软体动物的世界。

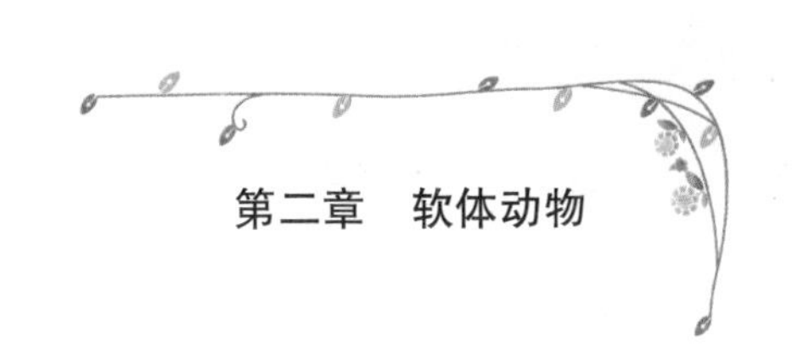

腹足纲

腹足纲是软体动物门中最大的一个纲，有10万种以上。遍布于海洋、淡水及陆地，以海生最多。本纲动物除翼足类外，头部都很发达，具有一对或两对触角，一对眼。眼生在触角的基部、中间或顶部。口内的齿舌发达，用于摄食、钻孔。足位于躯体的腹面，故名。除少数种类外，腹足纲动物多具一枚外壳。外壳多呈螺旋形，雌雄同体或异体，卵生。

腹足类分布广泛，生活方式多样。腹足动物多底栖生活，还可埋栖、孔栖而居。最早的腹足类可能出现于早寒武世最早期，至中、晚寒武世，始渐繁盛，早奥陶世大量辐射进化，出现许多新的属种，广泛分布于亚洲、北美洲、欧洲和大洋洲等。石炭纪时，大量发展，分别进入淡水及陆地环境。中生代腹足类进入一个新的发展时期，新生代进入极盛。各个亚纲的属种和个体均极繁多，遍布世界各地。

◆ 蜗　牛

蜗牛是陆生贝壳类软体动物，从旷古遥远的年代开始，蜗牛就已经生活在地球上。蜗牛的种类很多，约25 000多种，遍及世界各地，仅我国便有数千种。大多数蜗牛均有毒不可食用，我国有食用价值的约11种，如褐云玛瑙蜗牛、高大环口蜗牛、海南坚蜗牛、皱疤坚蜗牛、江西巴蜗牛、马氏巴蜗牛、白玉蜗牛等。

蜗牛有一个比较脆弱的低圆锥

形的壳，不同种类的壳有左旋或右旋，有明显的头部，头部有两对触角，后一对较长的触角顶端有眼，腹面有扁平宽大的腹足，行动缓慢，足下分泌黏液，降低摩擦力以帮助行走，黏液还可以防止蚂蚁等一般昆虫的侵害。

虽然蜗牛的嘴大小和针尖差不多，但是却有25 600颗牙齿。在蜗牛的小触角中间往下一点儿的地方有一个小洞，这就是它的嘴巴，里面有一条锯齿状的舌头，科学家们称之为“齿舌”。

非洲大蜗牛是世界上个体最大的陆生蜗牛，重达800克，外壳长达20厘米。非洲大蜗牛有时被人们当作一种食物食用。近来这种蜗牛成为东南亚地区危害最大的农业害虫之一。

蜗　牛

蜗　牛

◆ 鲍

鲍是软体动物门腹足纲鲍科动物的总称。全世界有近百种，均属海生。主要分布在北美太平洋沿岸、日本和澳大利亚沿海，南非大西洋和印度洋沿岸。有红鲍、黑唇鲍、大鲍等种。中国辽宁 、山东 、福建 、广东和台湾省沿海分布的有平鲍、杂色鲍、耳鲍、羊鲍、多度鲍、格鲍等。鲍的足部相当发达，肉质细嫩，味鲜美，被誉为海味之冠。鲍肉还可制罐头或鲍干。鲍壳又称石决明，有平肝明目功效。鲍壳珍珠层厚，色泽艳丽，是贝雕工艺的原料。还可培育鲍珠。鲍外形近似卵圆形或耳状，背腹扁。壳的左侧前面有数个小孔，是呼吸和泄殖的孔道。壳面紫褐色或绿褐色。壳的内面银白色，有彩虹般珍珠光泽。内脏囊在软体背部，环绕右侧壳肌后缘的消化腺、生殖腺、嗉囊和胃等部分。

鲍栖息在水清流畅、盐度较高而稳定、藻类生长繁茂、岩石缝隙较多的沿岸区。大多数分布在低潮带至潮下带 20～30 米深处。鲍以藻类为主食。鲍雌雄异体，体外受精， 性腺每年成熟1次，一般春夏季产卵，产卵高峰较集中。鲍生长缓慢，人工养成周期长、成本高，一般多采取人工育苗、海区放流和封岛育鲍的繁殖方法。

双神经纲

双神经纲是软体动物门的一纲。体制比较原始，左右对称，头部不明显，腹足白头延及肛门。背部略隆起，外套只盖及背面，围成一环绕周身的外套腔，鳃生于其中。头部尚无十分膨大的神经节，身体两侧有二对神经索，即足神经索和侧脏神经索，由横神经相联系，故称“双神经纲”。一般背上有八枚壳板，例如毛肤石鳖常附着沿海岩石上。也有没有壳板的。这类动物最早见于五亿年前，与三叶虫同一时代。

石鳖是软体动物门双神经纲中具有代表性的海产动物，近600种。世界性分布，但多见于温暖地区。通常呈卵圆形，扁平，两侧对称。贝壳由8块壳板覆瓦状排列而组成。贝壳周围有一圈外套膜，又称环带。足扁而宽，几占整个身体腹面，适於吸附在岩石表面或匍匐爬行。石鳖是一种移动缓慢、吃水藻的软体动物，遍布世界各地，特别是在气候温暖的地区。石鳖呈卵圆形，一般只长到5厘米。但在北

石　鳖

美的太平洋海岸，有一种石鳖可长到43厘米长，而且都有进化得很有效的进食工具——舌齿，可以用它刮下长在石头上的水藻。

掘足纲

掘足纲是软体动物门的一个纲。具长圆锥形稍弯曲的管状贝壳，如象牙状。粗的一端为前端，开口大。称为头足孔；细的一端为后端，开口小，称为肛门孔。壳凹的一面为背侧，凸的一面为腹侧。外套膜呈管状，前后端有开口。头部不明显，前端具有不能伸缩的吻，吻基部两侧生有许多头丝，能伸缩,末端膨大。头丝可伸出壳外，有触觉功能，也可摄食。掘足类为肉食性，吻内为口球，具颚片和齿舌。足在吻的基部之后，柱状，末端三叶状或盘状。足可伸得很长，能挖掘泥沙。肛门开口于足的基部腹侧。无鳃，以外套膜进行气体交换。循环器官心脏一室无心耳，未分化出血管，仅有血窦。肾一对，囊状，位胃侧面。雌雄异体，生殖腺一个；个体发生中有担轮幼虫和面盘幼虫。

掘足类全部为海产，自潮间带至4000米深海都有分布，约300种仅2科。营埋栖生活，用圆筒形的足掘泥斜埋于底质中，顶端露在底质之上。贝壳呈象牙状，足圆锥形，末端有二冀状侧叶。本纲动物在我国分布广，种类多。常见的代表为角贝，生

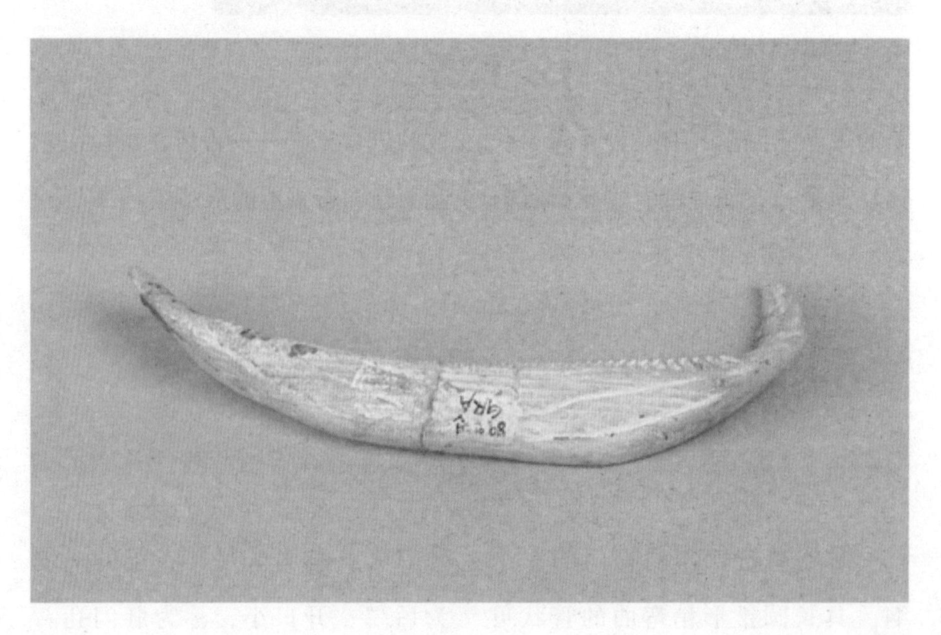

角 贝

存时代为奥陶纪至今。

角贝也称象角贝、象牙贝或齿贝，掘足纲海产贝类。多数生活在深水中，有时在4000米处，深海种，世界性分布。角贝体长，两侧对称，壳管状，两端开口。体包在管状外套膜内，通过体表呼吸。角贝壳的前端（粗的一端）伸出能挖掘泥沙的足，头部发育不全，有触丝司感觉及攫取食物的功用。角贝前端常钻入海底，后端进入水流供呼吸及排出废物，取食有孔虫原生动物及幼双壳类。角贝雌雄异体，卵发育成自由游泳的幼虫。

瓣鳃纲

瓣鳃纲为软体动物门的一个纲，约有2万种。体具两片套膜及

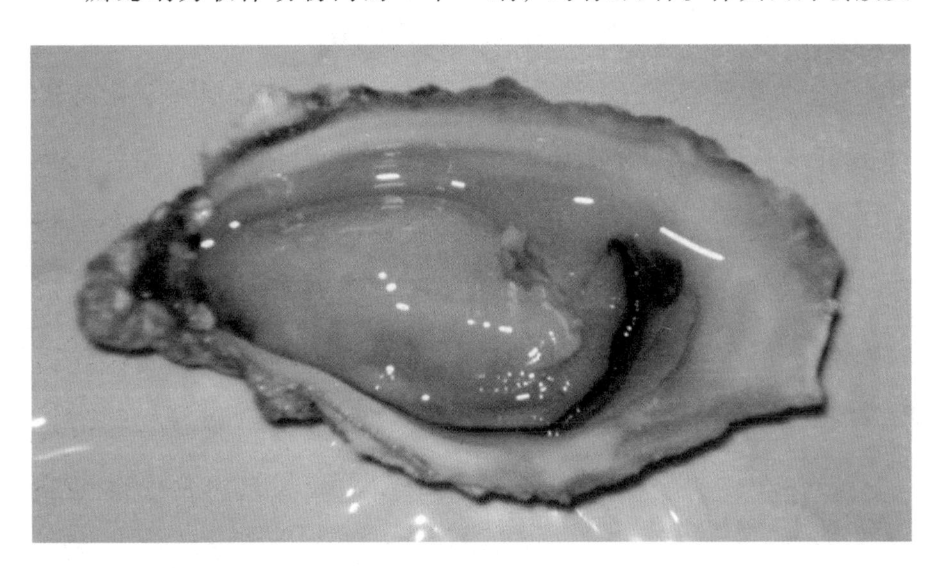

牡　蛎

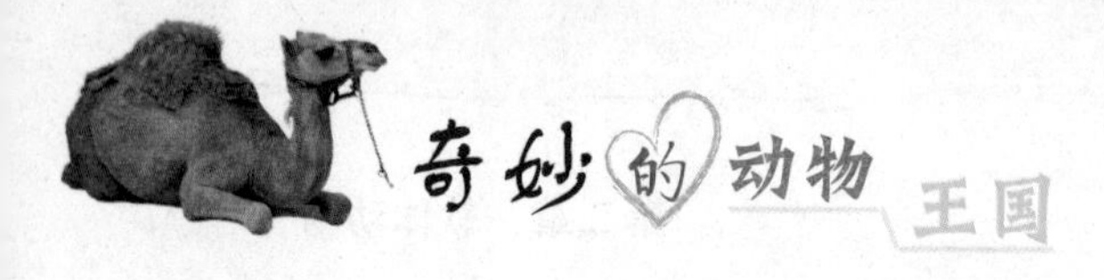

两片贝壳，故称双壳类；头部消失，称无头类；足呈斧状，称斧足类；瓣状鳃，故称瓣鳃类。

瓣鳃纲依绞合齿的形态、闭壳肌发育程度和鳃的结构等，分为三个目。一是列齿目。绞合齿多同形，排成一列；闭壳肌2个，均发达。盾鳃或丝鳃。代表动物有：湾锦蛤壳小而厚，卵圆形；盾鳃小，鳃丝完全横列。我国黄渤海有分布。云母蛤壳前方常开口，鳃丝直，不反折，黄渤海数十米深海底泥沙中有之。蚶壳厚，膨胀，壳面有粗的放射肋，鳃丝常反折。如毛蚶、泥蚶、魁蚶等为习见食用贝类，我国沿海均有分布。二是异柱目。前闭壳肌很小或消失，后闭壳肌发达；绞合齿一般退化或成小结节状，或无绞合齿、鳃丝间以纤毛盘或结缔组织相连接。代表动物

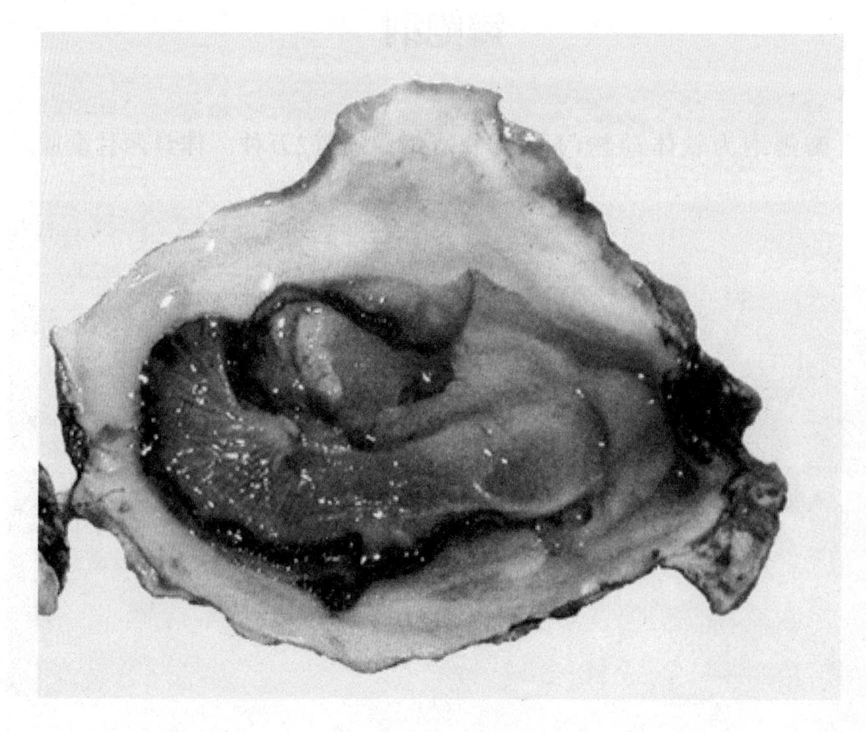

牡　蛎

有：贻贝、栉孔扇贝、珍珠贝、马氏珍珠贝、江瑶、牡蛎等。三是真瓣鳃目。铰合齿少或无，前后闭壳肌均发达，大小相等；鳃丝和鳃小瓣间以血管相连接；出水孔和入水孔常形成水管。无齿蚌为淡水产，壳卵圆形，无绞合齿。我国有50多种。代表动物有：珠蚌、圆顶珠蚌、帆蚌、蚬、砗磲、文蛤、海笋、船蛆等。

牡蛎的两壳形状不同，表面粗糙，暗灰色；上壳中部隆起；下壳附著于其他物体上，较大，颇扁，边缘较光滑；两壳的内面均白色光滑。两壳于较窄的一端以一条有弹性的韧带相连。壳的中部有强大的闭壳肌，用以对抗韧带的拉力。壳微张时，藉纤毛的波浪状运动将水流引入壳内，滤食微小生物。鸟类、海星、螺类以及包括鳐在内的鱼类均食牡蛎。牡蛎在夏季繁殖。有的种类卵排到水中受精，而有的则在雌体内受精。孵出的幼体球形，有纤毛，游泳数天後永久固著于其他物体上。经3～5年后收获。

头足纲

头足纲是软体动物门的一个纲。化石种在一万种以上，现仅存786种，主要是各类乌贼和章鱼。头足纲动物全部海生，肉食性，身体两侧对称，分头、足、躯干三部分。头部发达，两侧有一对发达的眼。足着生于头部，特化为腕和漏斗，故称头足类。漏斗位于头部腹面，在头和躯干之间。原始种类具有外壳，现存种类则多是内壳或无壳。鳃为羽状，一对或二对，心耳和肾的数目和鳃一致。口腔具有颚片和齿舌。神经系统集中，感官发达。循环系统为闭管式。

◆ **乌 贼**

乌贼的身体扁平而柔软，非常适合在海底生活。它们体内聚集着数百万个含有红、黄、蓝、黑等不同颜色的色素细胞，可以在一两秒钟做出反应，通过调整体内色素囊的大小来改变自身的颜色，以便适应环境，逃避敌害，故成为水中的变色能手。乌贼平时做波浪式的缓慢运动，可一遇到险情，就会以每秒15米的速度把强敌抛在身后。有些乌贼移动的最高时速能达到150千米。乌贼体内的墨汁平时都贮存

乌 贼

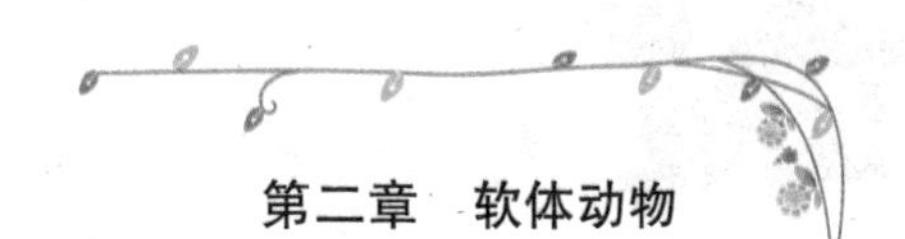

在肚中的墨囊里，是“自卫”的有力武器。遇到敌害侵袭时，它会从墨囊里喷出一股墨汁，把周围的海水染得墨黑，趁机逃之夭夭。而且乌贼的墨汁含有毒素，可以用来麻醉敌人。储存这一腔墨汁需要很长时间，所以不到万不得已，它是不会随意施放墨汁的。

◆ 章　鱼

章鱼，又称石居、八爪鱼、坐蛸、石吸、望潮、死牛，属于软体动物门头足纲八腕目。全世界章鱼的种类约有650种,它们的大小相差极大。典型的章鱼身体呈囊状；头与躯体分界不明显，上有大的复眼及8条可收缩的腕。每条腕均有两排肉质的吸盘，能有力地握持他物。腕的基部与称为裙的蹼状组织相连，其中心部有口。口有一对尖锐的角质腭及锉状的齿舌，用以钻破贝壳，刮食其肉。

章鱼将水吸入外套膜，呼吸后将水通过短漏斗状的体管排出体外。大部分章鱼用吸盘沿海底爬行，但受惊时会从体管喷出水流，从而迅速向反方向移动。遇到危险时会喷出墨汁似的物质，作为烟幕。有些种类产生的物质可麻痹进攻者的感觉器官。

章鱼雌雄异体。雄体具一条特化的腕，称为化茎腕或交接腕，用以将精包直接放入雌体的外套腔内。普通章鱼于冬季交配。卵长约0.3厘米（1/8寸），总数在10万以上，产於岩石下或洞中。幼体于4～8周后孵出，孵化期间雌体守护在卵旁，用吸盘将卵弄干净，并用水将卵搅动。幼章鱼形状酷似成体而小，孵出后需随浮游生物漂流数周，然后沉入水底隐蔽。

章鱼主要以虾蟹为食，但有些种类食浮游生物。许多海鱼以章鱼为食。在地中海地区、东方国家及世界上一些其他地区，长期以来人们视章鱼为佳肴。

动物大世界

最大和最小的乌贼

最大的乌贼称为大王乌贼，一般体长30~50厘米，最大的大王乌贼有21米长，甚至更长，重达2000千克。它们一般生活在深海中，以鱼类为食。能在漆黑的海水中捕捉到猎物。它们经常要和潜入深海觅食的抹香鲸进行殊死搏斗。抹香鲸常被弄得伤痕累累。不过，在抹香鲸的胃里也曾发现过大王乌贼的残迹。

分布在太平洋的最小乌贼叫细乌贼，其体长仅为1厘米，身体小而匀称，形状扁平，体外包着一层叫外套膜的皱皮，里面叫外套腔，绕身体后端一周的鳍像一条狭长的花边裙子，头部有一对构造复杂、类似人眼一样发达的眼睛，并有10个吸盘的带腕足。吸盘上有很多小钩，像猫爪子一样，它有一个固质锋利似鹦鹉喙一样的嘴。小乌贼构造与其他家族一样完整，运动量不亚于大乌贼，同样是游泳健将。

第三章

棘皮动物

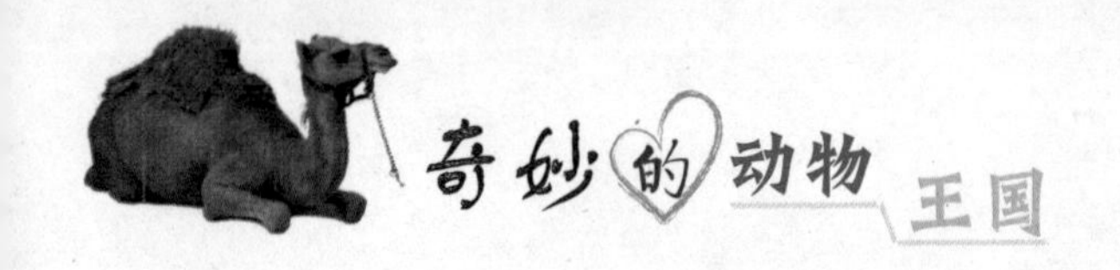

棘皮动物是生活在海底、身体呈辐射对称的无脊椎动物，大多数棘皮动物的外表皮都由棘状的内骨骼支撑，内骨骼由含钙的盘状物组成。棘皮动物是一种高级的无脊椎动物，具有与其他无脊椎动物外骨骼不同的、由中胚层分泌的内骨骼，并有司呼吸及运动的水管系统，体腔明显，幼年期两侧对称，成年期则多为辐射对称。体不分节，无头部，体表具瘤粒或棘刺，故名棘皮动物。现生的海星、海胆、海参等都属本门动物。

棘皮动物的内骨骼多为一球形、梨形、瓶形、薄饼形、或星形的钙质壳，壳由许多骨板组成。壳上有口、肛门、水孔等。并有五条自口向外辐射对称排列的步带，步带之间为间步带。有的且有由许多骨板组成的茎及腕。壳及茎等均易保存化石。棘皮动物的形状、大小和颜色很不同，有的呈鲜艳的红、橙、绿和紫色。小的数厘米，大的如海参有长2米的，海星直径有达1米的。海百合化石最大，长度超过20米。多数棘皮动物雌雄异体，一般有性生殖。在这一章里，我们就来一起走进棘皮动物的世界。

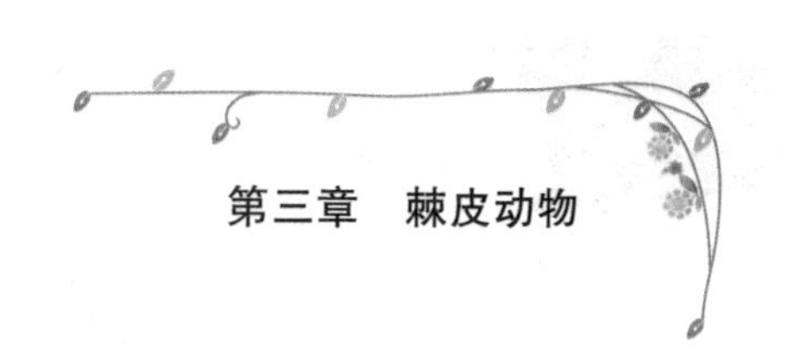

海百合纲

海百合纲是棘皮动物门的一纲，古生代时较为繁盛，现已衰退。化石种类约有5000多种。本纲分为4个目（或亚纲）：游离海百合目、可曲海百合目、圆顶海百合目和关节海百合目。现存仅1个关节海百合目或称亚纲，约有610多种。

海百合是棘皮动物中最古老的种类，全世界现有620多种海百合。常分为有柄海百合和无柄海百合两大类。有柄海百合以长长的柄固定在深海底，那里没有风浪，不需要坚固的固着物。柄上有一个花托，包含了它所有的内部器官。海百合的口和肛门是朝上开的，这和其他棘皮动物有所不同。无柄海百合没有长长的柄，而是长有几条小根或腕，口和消化管也位于花托状结构的中央，既可以浮动又可以固定在海底。浮动时腕收紧，停下来时就用腕固定在海藻或者海底的礁石上。

海百合是典型的滤食者，捕食时将腕高高举起，浮游生物或其他悬浮有机物质被管足捕捉后送入步带沟，然后被包上黏液送入口。海百合类最早出现于距今约4.8亿年前的奥陶纪早朝，在漫长的地质历史时期中，曾经几度（石炭纪和二叠纪）繁荣。其属种数占各类棘皮动物总数的三分之一，在现代海洋中生存的尚有700余种。

海百合在死亡以后，这些钙质茎、萼很容易保存下来成为化石。在海百合类繁盛时期形成的海相沉积岩中，海百合化石非常丰富，甚至可以成为建造石灰岩的主要成分，但所见到的，多为分散的茎环。海百合化石的主要成分是单晶的方解石，通常是白色的，有时会混入三价铁离子，呈现鲜艳的红色，在青灰色围岩的衬托下十分美丽。

海星纲

海星纲是棘皮动物门的1纲，通称海星。体扁平，多呈星形。口

海　星

在下边中央。从体盘伸出腕，腕数一般为5个。腕内充有生殖腺和消化腺。腕下面有开放的步带沟与口相通，沟内具有4行或2行管足。整个身体由许多钙质骨板借结缔组织结合而成，体表有突出的棘、瘤或疣等附属物。世界现存1600种，中国已知 100多种。

海星纲分为5个目：平腕海星目、显带目、有棘目、真海星目和钳棘目。海星类分布世界各海，以北太平洋区域种类最多。垂直分布从潮间带到水深6000米。磁海星科是深海动物，栖息深度不小于1000米。

海星是海生无脊椎动物的统称，非属鱼类。体扁，星形。具腕。现存1800种，见於各海洋，太平洋北部的种类最多。辐径1～65厘米，多数20～30厘米（8～12吋）。腕中空，有短棘和叉棘覆盖；下面的沟内有成行的管足（有的末端有吸盘），使海星能向任何方向tt爬行，甚至爬上陡峭的面。低等海星取食沿腕沟进入口的食物粒。高等种类的胃能翻至食饵上进行体外消化，或整个吞入。内骨骼由石灰骨板组成。通过皮肤进行呼吸。腕端有感光点。多数雌雄异体，少数雌雄同体；有的行无性分裂生殖。

蛇尾纲

蛇尾纲是棘皮动物门的1纲。因腕的外观和运动似蛇尾而得名。包括海洋里的脆蛇尾或蛇尾和筐蛇尾。蛇尾纲有不少化石种类。在现生棘皮动物中，蛇尾纲动物种数最多，包括220个属和2000个种。中国

海蛇尾

已知约189个种。蛇尾纲动物分布在世界各海洋，种类最多的是印度—西太平洋区。垂直分布从潮间带到水深6000米的深海。该纲分4个目：始蛇尾目、开沟蛇尾目、蜍蛇尾目和真蛇尾目。蛇尾类有些种是底栖鱼类的重要饵料。

蛇尾纲动物营底上或底内生活。栖息的底质多样，既包括硬的石底或珊瑚礁底，也包括软的沙底、泥底或泥沙底。在珊瑚礁环境栖息的蛇尾种类很多，特别是栉蛇尾科和刺蛇尾科。少数蛇尾攀缘在柳珊瑚上，有的与海绵共生，躲在海绵内。

蛇尾纲动物食性大体有两类：肉食性、微食性。属于前者的有粘蛇尾科、皮蛇尾科和鳞蛇尾科；属于后者的有栉蛇尾科、阳遂足科、辐蛇尾科和刺蛇尾科。肉食性蛇尾

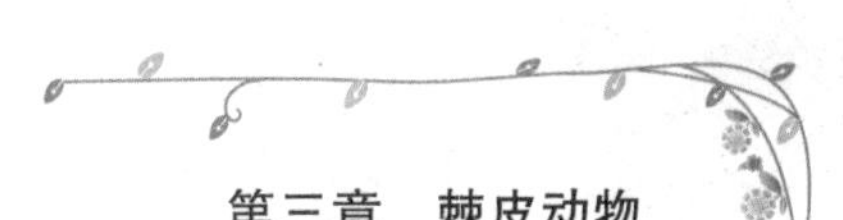

有的为捕食性，有的为腐食性，大多具有较短的腕棘和触手，靠腕卷起摄取食物。微食性蛇尾摄取混在底质或悬浮于水体中的微小生物，大多具较长的腕棘和触手。腕棘和触手是主要摄食器官。蔓蛇尾类专门捕食浮游动物。

海胆纲

海胆纲体呈半球形、心形或薄讲状。无腕和触手。壳上生有能活

海　胆

动的棘。壳分10带：5带具小孔，名“步带”；管足可从小孔伸出。5带缺小孔，名“间步带”。借管足和棘运动。壳腹面中央为口，背面中央为肛门板，周围为生殖板、筛板、眼板。雌雄异体。我国已发现有六七十种，其中紫海胆、马粪海胆和大连紫海胆等的卵可供食用。某些海胆吃藻类，能损害海带和裙带菜的幼苗，为藻类养殖的敌害。

海胆，棘皮动物门海胆纲的通称。包括饼海胆、心形海胆和球海胆等。分2亚纲，22目。化石种约5000种。现生种800种，分隶于225个属。中国已知约100种。海胆体呈球形、半球形、心形或盘形。内部器官包含在由许多石灰质骨板紧密愈合构成的1个壳内。壳上布满了许多能动的棘。壳板上每对管足孔相当于1个管足，口在下面，中央有5个白齿，系咀嚼器官——亚氏提灯的一部分。1个海胆壳由约3000块小板愈合而成。

海参纲

海参纲是棘皮动物门的一纲。世界海参类超过900种，中国约120种。身体延长，呈蠕虫或腊肠形。管足作子午线排列。一端为口，另一端为肛门。口周围有1圈触手。围绕食道有石灰环。消化道长而弯曲。骨板不发达，变成许多很小的石灰质骨针或骨片，埋没于皮肤之下。

海参纲分为3亚纲6目：即枝手海参亚纲，包括枝手目和指手目；楯手海参亚纲，包括楯手目和平足

海　参

目；无足海参亚纲，包括无足目和芋参目。海参纲中体壁厚的大型种类可食用，全世界约有40种。其中绝大多数属于楯手目的刺参科和海参科。

海参类分布于世界各海，种类最多的是印度洋—西太平洋区。世界海参类超过900种，中国约120种。身体延长，呈蠕虫或腊肠形。管足作子午线排列。一端为口，另一端为肛门。口周围有1圈触手。围绕食道有石灰环。消化道长而弯曲。骨板不发达，变成许多很小的石灰质骨针或骨片，埋没于皮肤之下。

海参的食物是混在沉积物里

的有机碎屑和微小生物。海参栖息于各种底质。海参类的再生力很强。少数种海参能用自切或分裂法增殖。

海参体内含有50多种对人体生理活动有益的营养成份，其蛋白质含有18种氨基酸，富含牛磺酸、硫酸软骨素，刺参粘多糖等多种活性物质，钙、磷、铁、碘、锌、硒、钒、锰等元素及维生素B_1、维生素B_2、尼克酸等多种维生素。其中精氨酸最为丰富，可促进机体细胞的再生和机体受损后的修复，还可以提高人体的免疫功能，延年益寿，消除疲劳。

第四章

节肢动物

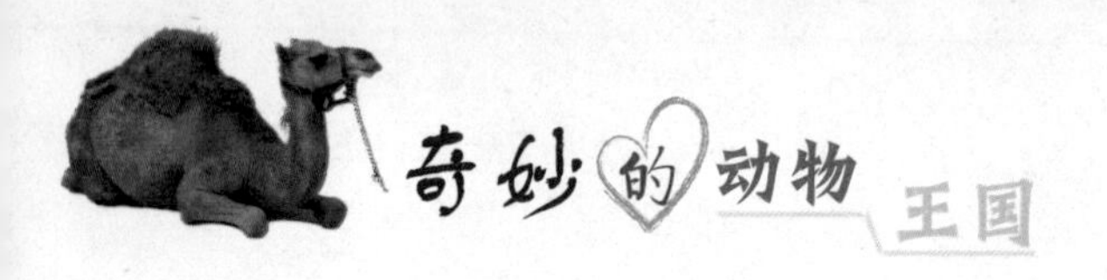

节肢动物也叫节足动物，是一类身体由很多结构各不相同、机能也不一样的环节组成的动物。通常可分为头、胸、腹等3部分，但有些种类胸部和头部合在一起，也有些种类胸部和腹部没有分化，还有些种类全身愈合，不分头、胸、腹。节肢动物身体表面有由几丁质生成的坚厚的外骨骼。一般每个体节上都有着一对分节的附肢，又叫节肢。节肢的运动极其灵活，主要用于爬行和游泳。节肢动物身体的分化，以及身体变化的多样性，使它获得了高度的适应性，几乎在地球上任何空间都可以找到节肢动物。已记述的节肢动物有879 000种以上，其中约86%是昆虫。

节肢动物门种类繁多，从深海到高山均有分布，有的甚至出现了可以飞翔的翅，是无脊椎动物中唯一真正适应陆地生活的动物。目前已知的节肢动物超过120万种，大约占动物界已知总数量的84%。比较常见的有各种虾、蟹等水生的节肢动物，也有蜘蛛、蜈蚣、昆虫等陆生的种类。节肢动物三个主要的种类是蜈蚣、千足虫、昆虫类，蜘蛛，子类和甲壳类。在这一章里，我们就来一起走进节肢动物的世界。

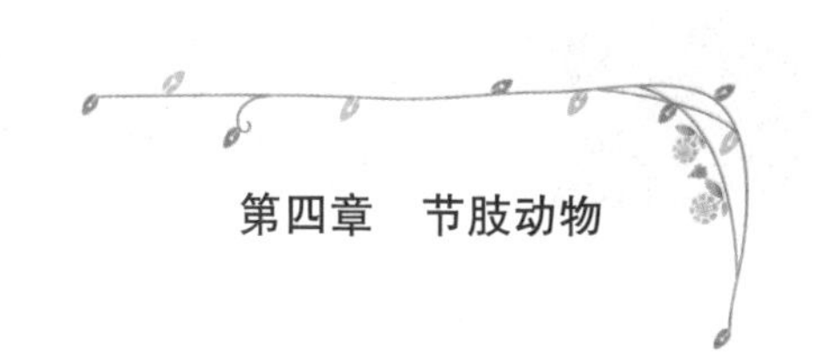

三叶虫亚门

三叶虫亚门又名三叶形亚门。是节肢动物门的一种。三叶虫类是节肢动物中最原始的种类,在约5.7亿年前的古生代早期的海洋中占优势，在2.8亿年前的二叠纪灭绝；体卵圆形，背腹扁平，分头、胸和尾节三部分；纵分为三叶。

三叶虫全为海生，生活在浅海地带，用外肢的鳃叶（鳃肢）呼吸。大多数三叶虫以其扁平的身体

三叶虫化石

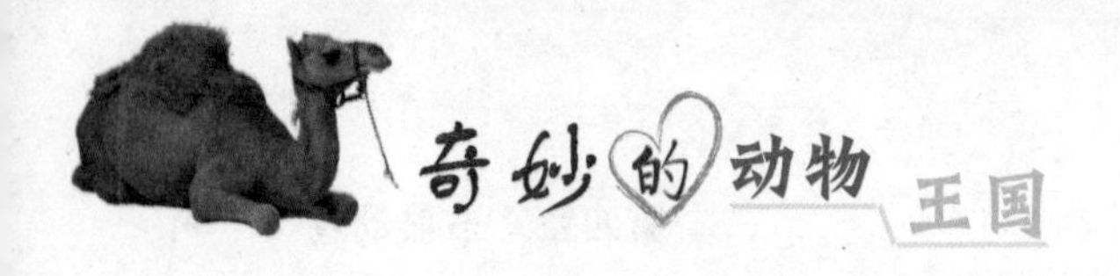

贴伏在海底上向前作缓慢的爬行或作暂时的游移。以内肢爬行时，尾部和后胸部可稍稍翘起，以减少前进阻力。壳刺较多的类型，一般认为增加浮力，有利漂浮，但有的壳刺，特别是尾刺，不仅可助浮游、挖掘、支撑，甚至可用作保护（当壳体卷曲时）。

从背部看去三叶虫为卵形或椭圆形，成虫的长为3～10厘米，宽为1～3厘米。小型的6毫米以下。三叶虫体外包有一层外壳，坚硬的外壳为背壳及其向腹面延伸的腹部边缘。腹面的节肢为几丁质，其他部分都被柔软的薄膜所掩盖。一般所采到的三叶虫化石都是背壳。三叶虫背壳的中间部分称为轴部或中轴，左、右两侧称为肋叶或肋部。三叶虫壳面光滑。或有陷孔、瘤包、斑点、放射形线纹、同心圆

三叶虫化石

线纹、短刺等。头部多数被两条背沟纵分为三叶，中间隆起的部分为头鞍及颈环，两侧为颊部，眼位于颊部。颊部为面线所穿过，两面线之间的内侧部分统称为头盖，两侧部分称为活动颊或自由颊。胸部由若干胸节组成 ，形状不一，成虫2～40节 。中间部分为中轴，两侧称为肋部。每个肋节上具肋沟，两肋节间为间肋沟。尾部是由若干体节互相融合而形成的 ，1～30节以上不等。形状一般半圆形，但变化很大，可分为一中轴和两肋部。肋部分节，有肋沟和间肋沟。肋部可具边缘，边缘上亦常有边缘刺。

三叶虫为雌雄异体，卵生，个体发育过程中经过周期性蜕壳，在个体发育过程中，形态变化很大。一般划分为3期：幼虫、中年期、成年期。是分类的重要根据之一。三叶虫纲可以分为7目 ：球接子目、莱得利基虫目、耸棒头虫目、褶颊虫目、镜眼虫目、裂肋虫目及齿肋虫目。

单肢亚门

单肢类都是陆生的节肢动物，从泥盆纪发现的最古老的化石种类也是陆生的。极少量的海洋生活的倍足类及昆虫，以及许多淡水生活的昆虫都是次生性的侵入水生环境。单肢动物胸、腹部的附肢都是单肢型的，它们的大颚都是不分节的，这两点与有螯肢亚门及甲壳亚门的双肢型附肢及分节的大颚不同。

单肢类只有一对触角，是由第二体节形成，以气管进行呼吸，以

蜈　蚣

马氏管进行排泄，中肠缺乏消化腺，这些共有的特征使动物学家认为单肢类可能是由有爪类在陆地上发展进化形成的。单肢亚门包括唇足纲、倍足纲、综合纲、烛纲及昆虫纲五个纲。

（1）烛纲：极小的多足类。两对附肢变为口器，8～11对步足。触角4节（极少6节），末端分枝，并有多节的长鞭。体长最多为1.9毫米。

（2）倍足纲：体窄长的多足类，腹部各节由两节合成，每节有两对足和气孔。头有大腭；小腭愈合成腭唇；有时有单眼；触角短，锤形；胸部是4个单节，生殖孔在第3节。体长0.3～28厘米。

（3）唇足纲：体窄长的多足

类，有许多明显的腹节，各有一对足，第一腹节的附肢变为毒腭；生殖孔在末节。体长约0.5～26.5厘米。

（4）综合纲：小型多足类，有3对口器，12对步足和一对后纺器，生殖孔在第4躯干节。体长最多为8毫米。

（5）弹尾纲：昆虫状小节肢动物，分布广。口器外腭式；触角通常4节；眼简单；3个胸节有足；腹部6节，有分叉的弹器；通常无气管；无马氏管。体长最多5毫米。

（6）昆虫纲：三对附肢形成口器；头由6节组成，有一对触角，常有侧眼和中眼；胸部3节，各有一对足，在第2、3节有的具翅；腹部由11节组成，成虫无附肢；生殖孔在后。体长0.25毫米到33厘米。

马　陆

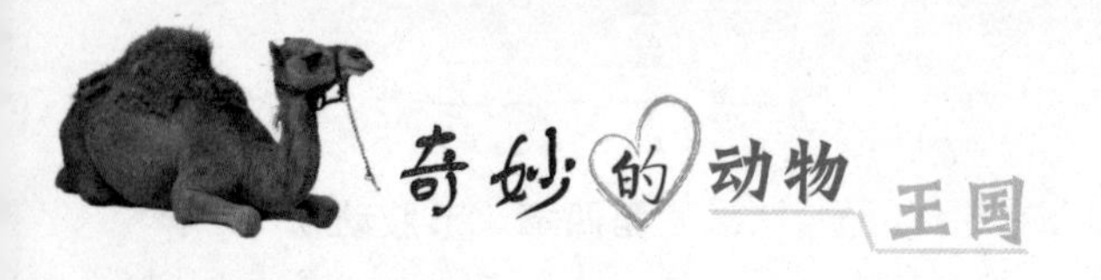

甲壳亚门

甲壳亚门是节肢动物门的一个亚门。多数水生，也有少数种类营陆栖、共栖或寄生生活。常见的甲壳类除虾、蟹外，还有溞、鱼蚤、藤壶、鼠妇、糠虾、麦秆虫、寄居蟹等。全世界有3万余种，分布广泛，栖息于海洋、湖泊、江河和池沼。

甲壳动物主要栖于海洋，少数种生活在淡水水域，有的栖于地下水中或泥土内，还有少数为陆栖。许多甲壳类行浮游生活，常大量密集成群，在表层或深层水中均占优势。对虾类中有些适应于漂浮和游

螃　蟹

藤　壶

泳生活。大多数甲壳类是底栖的，尤其在海洋环境中。许多甲壳类行寄生生活。

甲壳亚门的繁殖方式也很多样，最简单的有将精子和卵子放到水中进行外部受精。但也有通过演变的外肢进行体内受精的，甚至有一些寄生的甲壳亚门动物的雄性退化而栖居在雌性的生殖器内的。

甲壳亚门的发展一般经历多个幼虫期，每次幼虫期开始时幼虫通过萌芽产生新的节和外肢。除五口纲动物外所有甲壳亚门动物一开始的幼体都是典型的无节幼体。有些动物在卵内度过这个幼体期。此后不同纲的动物发展出不同的幼体。

有些甲壳亚门经过变态，有些不变态为成虫。

有螯亚门

有螯肢亚门是节肢动物进化中的一支，身体分为头胸部与腹部，或称前体部与后体部。无触角，头胸部的第一对附肢成螯状，故称螯肢，是其取食结构。第二对附肢称脚须，具有不同的机能。水生或陆生，可分为三个纲。

最古老的动物——鲎

（1）肢口纲：大型海产种类，有书鳃；前体部完全被背甲覆盖；后体部有一长刺。

（2）蛛形纲：前体部与后体部以一窄的腹柄相连，或两部愈合。前体部有螯肢、触肢和四对步足；后体部通常无附肢。以书肺、气管（或两者都有）呼吸，开口在后体部。生殖孔在后体部第2节的腹面。体长0.25毫米～18厘米。

（3）海蜘蛛纲：海产；头部有管状吻和三对附肢；胸部非常窄，由4节组成，各有一对足；腹部小瘤状；无呼吸器及体节排泄器。体长0.2～6厘米。

第五章

鱼类动物

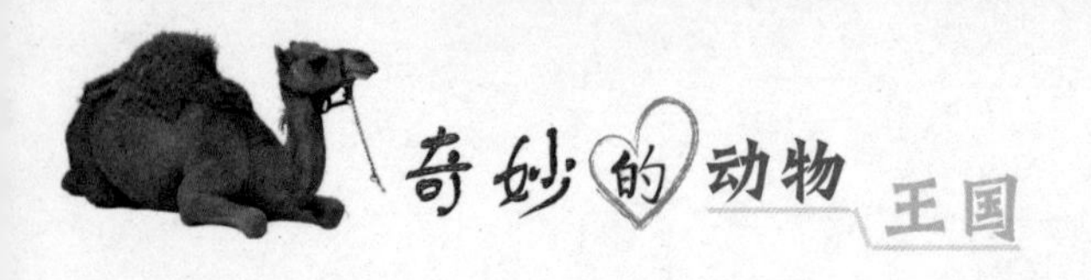

鱼，相伴人类走过了五千多年历程，与人类结下了不解之缘，成为人类日常生活中极为重要的食品与观赏宠物。近五亿年前，地球上生命历程进程中发生了一次重大的飞跃，出现了最早的鱼形动物，揭开了脊椎动物史的序幕，从而导致动物界的发展，进入了一个新的历史阶段。真正的鱼类最早出现于三亿余年前，在整个悠久历史过程中，曾经生存过大量的鱼类，早已随着时间的消逝而消亡绝灭，今天生存在地球上的鱼类，仅仅是后来出现、演化而来的极小的一部分种类。

在生物学上，鱼类分为三大纲：一是圆口纲，即无颌鱼，它们的骨骼全为软骨，没有上下颌，现存种类不多，常见的只有盲鳗目和七鳃鳗目；二是软骨鱼纲，其内骨骼全为软骨，具有上下颌，头侧有5~7个鳃裂。全世界均有分布，如常见的鲨鱼、鳐鱼等；三是硬骨鱼纲，是一种适应各种环境生活的鱼类，湖泊溪流、江河大海、地下溶洞都有这一类鱼的分布。

鱼类广泛分布在世界各地的海洋中，包括冰冷的极地海洋及温暖的热带海洋。它们也生活在河、湖、池塘，甚至漆黑的地下河流等淡水中，靠它们有力的尾部和鳍在水中活动。鱼肉富含动物蛋白质和磷质等，营养丰富，滋味鲜美，易被人体消化吸收，对人类体力和智力的发展具有重大作用。鱼体的其他部分可制成鱼肝油、鱼胶、鱼粉等。有些鱼类如金鱼、热带鱼等体态多姿、色彩艳丽，具有较高的观赏价值。此外，某些鱼类如食蚊鱼等对消灭疟疾、黄热病等传染媒介，有益人类健康。这一章，我们将为大家展现多种多样的鱼。

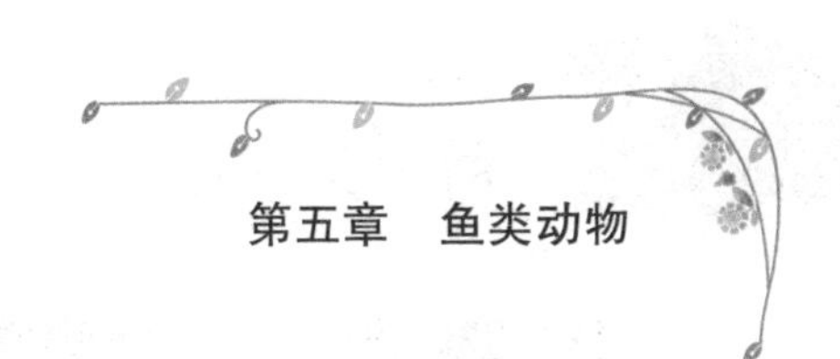

无颌鱼类

无颌鱼是地球上出现最早的脊椎动物。无颌鱼都有无鳞而黏滑的皮肤。它们生活在海底世界，但游泳能力不是很强，主要依靠身体的扭动而不断前进。它们的嘴像吸盘一样，上面长着很多小牙。无颌鱼能够吸附在其他鱼身上，用牙齿锉下肉吃。多数无颌鱼在三亿年前就已经灭绝了，但有少数属种存活下来，这就是盲鳗和七腮鳗。

无颌鱼类包括迥然不同两大类：头甲类和鳍甲类，每类又各有分支，有不同类型的形形色色代表，也曾繁盛一时。但到了泥盆纪中期（距今约3亿5千万年前），它们绝大多数绝灭了。只因现生的七

甲胄鱼

鱼

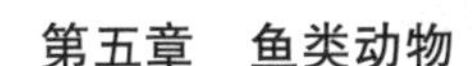

鳃鳗和盲鳗的某些特征与头甲类的一致，学者揣测，前者有可能是后者的现生代表。按此，头甲类应还没最后绝灭。可是，从头甲类到七鳃鳗和盲鳗之间，从泥盆纪到现代3亿多年里，都没发现它们的中间环节。鳍甲类无现生代表，被认为是一绝灭的类别。但是，由于鳍甲类中的异甲类的某些特征与后期有颌鱼类的近似，也有人说异甲类可能是有颌鱼类的远祖。

◆ 盲　鳗

盲鳗无外骨骼。具1个半规管。每侧10～15个鳃囊，有1咽皮管，鼻孔只1个，开口於头的前端，并有内鼻孔与口腔相通。脊神经背根和腹根相连。无化石记录。盲鳗是一群海生、营寄生生活的鱼类，全世界约有6属32种，太平洋、大西洋均有分布，在北大西洋为害渔业甚烈，中国产2属5种。

盲鳗和七鳃鳗同属于现生最原

大西洋盲鳗

始的无颌类脊椎动物。成体营寄生生活，是脊椎动物中唯一的体内寄生动物。均为海产。盲鳗无口漏斗，口在最前端围以软唇，有4对口须。鳃囊6对，多数种类外鳃裂不直接通体外，而通入一长管，以一共同的开口通体外。眼退化隐于皮下，不具晶体，故名盲鳗。盲鳗生殖腺单个，雌雄同体，但在生理功能上两性仍是分开的，在盲鳗幼体中，生殖腺的前部是卵巢，后部为精巢，如前端发达后端退化，则为雌性；反之，则为雄性。

盲鳗是在真正的鱼类出现后才形成的。它主要分布于印度洋、太平洋及大西洋的温带及亚热带水域。常见的种类有大西洋盲鳗，分布于大西洋沿岸海中，中国产的蒲氏粘盲鳗，外鳃孔6对，分布于东海、黄海等海域。盲鳗是世界上唯

盲 鳗

一用鼻子呼吸的鱼类。盲鳗虽然也被一层皮膜遮住了双眼，但是这种鱼不只在头部有感受器，它的全身也长满了超感觉细胞，能比较正确地判定方向、分辨物体。它还能钻进大型鱼类的体内，并且能把鱼的内脏吞食掉，然后再凭着感受器钻出鱼体，有时它还钻进鱼网捕食网中的鱼。盲鳗还能分泌出一种特殊的粘液，可将四周海水粘成一团，在敌害遇到这种粘液迷茫之时，盲鳗早已逃之夭夭。

头甲鱼

◆ 头甲鱼

头甲鱼为甲胄鱼中著名的一类，也称“骨甲鱼”，身体比较小，不超过20厘米，头扁平，嘴没有上下颌。是不折不扣的和平使者，头和躯干的前部覆盖着坚厚的骨质甲片，头甲鱼的名字就是这样得来的。头甲后的身体像鱼，只是鳞片与现代的鱼大不一样，是长条形的骨板。头甲后面有一对肉质胸鳍，是头甲鱼主要的运动器官。此外还有一个背鳍和一个歪形尾鳍。头甲鱼的一对眼孔靠得很近，眼孔前面是一个单鼻孔。在头甲的两侧和眼后中央还有三个由小骨片构成的区域，有推测可能是头甲鱼的感觉器官。在头部的腹面有口和鳃孔。头甲鱼腹部扁平，因为骨质甲片很重，所以头甲鱼是游泳能力不强的底栖动物，靠吸食海藻为生。生存在晚志留纪到晚泥盆纪。我国云南、四川有化石。

◆ **七鳃鳗**

七鳃鳗体形似鳗，无鳞，长约15～100厘米。有眼，背鳍1～2,尾鳍存在；单鼻孔，位于头顶；体两侧各具7个鳃孔。无真骨及腭，亦无偶鳍。骨骼均为软骨。口圆，呈吸盘状，有角质齿。七鳃鳗幼体称为沙栖鳗或沙隐虫，生活于淡水中，没有眼睛也没有吸盘，平时都潜进河底泥土中，顺流伸出口，以吃浮游生物或泥土中的有机物为生。这即所谓沙腔鳗的幼生时期。3~5年后长出眼睛和吸盘。到海洋中生活的即所谓降海型七鳃鳗以吸刮鲑、鲭、鳕等的血肉为生，过数年后再回到河川上来，产卵后生命即告结束。至于一生都在河川生活的陆地型，在变态后的次年春天产卵后也会死亡。

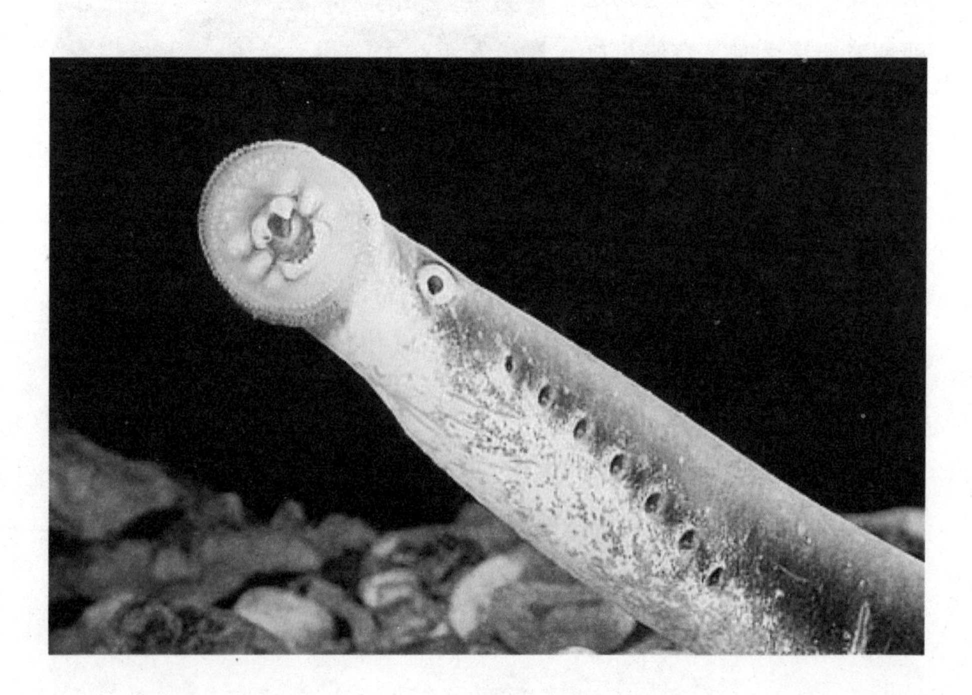

七鳃鳗

◆ **鳍甲鱼**

鳍甲鱼生活在三亿五千万年前，体呈梭形，长约6～10厘米。头部盖着沉厚的甲胄，分别由一个吻片、一块松果片、两块眶片、一块很大的中背片、两块鳃片、两块角片、一个背棘构成背部和两侧的甲胄；腹部则由一块很大的中腹片及其前端许多细小的口片组成。吻片由背面包裹到腹面，是完整的一块。口腹位，后围以许多长形的口片。眼侧位，洞穿眶片，无偶鳍，尾鳍作反歪尾型。鳍甲鱼分3个目，约40属，无现存种，全为古生鱼类。大多为中小型，大者可逾1米。奥陶纪的鳍甲鱼可能起源于海水，以後向咸淡水与淡水扩散分布，中国云南下泥盆纪的多鳃鱼即类似于这类鱼。

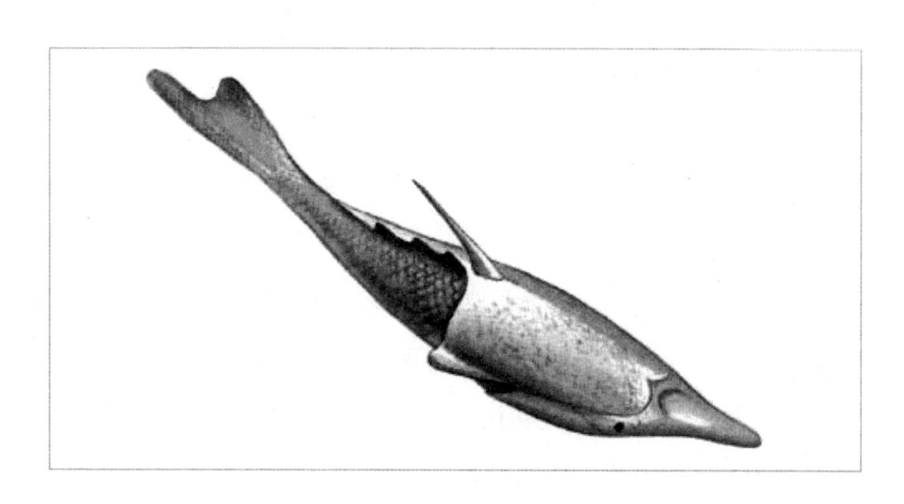

鳍甲鱼

软骨鱼类

软骨鱼类，包括鲨类和全头类。鲨类常被认为是比较原始的鱼类，因为它们具软骨骨骼。软骨在先，硬骨在后。但也有人认为鲨类的软骨是次生性的，是由硬骨“退化”来的，硬骨在先，软骨在后。最早的软骨鱼类出现于泥盆纪早期（距今3亿8千万年前），裂口鲨常被视为最原始代表之一，并很可能是所有鲨类的祖先。它是一种近于1米来长的鲨类，有一个典型的鲨类体型——纺锤形，眼大，靠近吻端。两个背鳍，第一背鳍前有一粗壮的背刺。胸鳍特别大，腹鳍小。尾鳍外形上、下叶对称，内部构造上脊柱却一直伸到尾鳍上叶的末端，故仍为歪形尾。偶鳍基部宽，末端尖，为原始类型的鳍。牙齿“笔架”形，中央的齿尖高，两侧的低。从裂口鲨这种近似软骨鱼类中心基干出发，进化出后期的各种鲨类，包括典型的鲨类和身体扁平的鳐类。这些鲨类从中生代到现在一直生活在海洋中，既没有特别昌盛过，但也没有被淘汰。

◆ 鲨　鱼

鲨鱼，在古代叫作鲛、鲛鲨、沙鱼，是海洋中的庞然大物，所以号称“海中狼”。鲨鱼早在恐龙出现前三亿年前就已经存在地球上，至今已超过四亿年，它们在近一亿年来几乎没有改变。鲨鱼是最有名、最令人恐惧的软骨鱼。世界上共有340多种鲨鱼。它们一直保持着史前动物的种种特征，如有软骨

鲨 鱼

骼，在颚部的两边有许多鳃裂。鲨鱼口中有几排并列的呈锯齿状的牙齿，当外边的牙齿脱落后，里边的牙齿就会突出来。

鲨鱼最敏锐的器官是嗅觉，它们能闻出数里外的血液等极细微的物质，并追踪出来源。它们还具有第六感——感电力，鲨鱼能借着这种能力察觉物体四周数尺的微弱电场。它们还可借着机械性的感受作用，感觉到6百尺外的鱼类或动物所造成的震动。鲨鱼还有味觉和触觉，此外，它们还有两种特殊感觉，一种是旁线神经系统，它是一排神经末梢，

大白鲨

分布在身体两侧。他能让鲨鱼感知水里的任何活动。另一个特殊感觉是能觉察其他生物发出的细微电荷，叫做落伦兹壶腹。

鲨鱼是海洋中有名的杀手，也是人类航海中的危险动物。不过，并非所有的鲨类都攻击人类。目前所知道的只有32种鲨鱼会对人类发起进攻。大白鲨是深海中最危险的动物，它们可以长到一辆公共汽车的长度。除了人类，没有任何动物能捕食它们。大白鲨的撕咬力相当于人类的300倍，可以轻而易举地将猎物咬成两半。由于喜欢猎食人类和其他动物，因此被称为“食人鲨”或“噬人鲨”。

◆ 鳐　鱼

鳐鱼都是软骨鱼。它们身材扁平，并且长着翼状的鳍，嘴和鳃裂长在身体下面，而喷水孔长在身体的上部、眼睛的后面。多数鳐鱼生活在海底，但也有一些生活在靠近水面的地方。它们通常都很会伪

鳐　鱼

装。与鲨鱼不同的是，这些鱼用较钝的牙齿将食物压碎。银鲛属于软骨鱼的另外一个分支，共25个属，全部生活在海洋里。

鳐鱼是鲨鱼的近亲，但其外形却与鲨鱼并无多少相似之处。生活在温带海洋的鳐鱼有着扁平的菱形身体，外形奇特而优雅。鳐鱼的鳃孔共有五对，长在扁平的腹部上端，它的整个胸鳍很像一对大翅膀，在水中游泳的时候就像在水中飞行一样。它们有突出的圆形眼睛，头部有两道缝，含氧丰富的海水会从这里进入它的体内，然后从嘴后面位于腹部的鳃裂口处排出。

◆ 银　鲛

银鲛与鲨、鳐一样，其骨骼为软骨性，雄性具由腹鳍分化而来的体外交尾器官，用以将精子输入雌鱼体内。与鲨和鳐不同的是，银鲛体侧仅各有一个外鳃孔，并与硬骨鱼一样，覆有瓣片。雄性银鲛在鱼类中有独具的辅交合器官：一个额攫握器和一对腹鳍前的鳍脚。银鲛体後部渐细，胸、腹鳍大，眼大，背鳍2个，第一背鳍具长尖棘。尾细长，因而有些种类又有鼠鱼之称。

银鲛约有28个种，长约60～200厘米，体色由银白色到灰黑色不等。银鲛共分三科：银鲛科（包括称为兔鱼的种类，特征为吻圆或锥状）、叶吻银鲛科（吻独特，呈锄状且柔韧，故俗称象鱼）及长吻银鲛科（吻延长而尖，俗称长鼻银鲛）。银鲛生活在各大洋的暖、冷水区域，从江河、河口、近海到2500米或更深的深海区都有分布。游动能力差，易被捕获，离水即死。以小型鱼和无脊椎动物为食。卵大而长，且具保护硬（角质）壳。银鲛类可食用，有些地区作为食物出售，肝油可制枪械及精密仪表的润滑油。

银 鲛

硬骨鱼类

硬骨鱼类是最进步的鱼类，也是现今世界上水域中的“主人”。一般认为，硬骨鱼类是从棘鱼进化来的。棘鱼是早期有颌鱼类，早志留世（距今4亿年前）便已出现，一直延续到二叠纪（距今2亿5千万年前）。这是一种小型鱼类，曾被认为与盾皮鱼类有关，与软骨鱼类有关，近年来通过对新材料的研究，才确定它与硬骨鱼类有关。

硬骨鱼类分两大支，一支叫辐鳍鱼类，一支叫肉鳍鱼类。前者最早出现于距今约3亿8千万年前的泥盆纪中期，经过软骨硬鳞类（部分软骨、斜方鳞、明显歪尾）、全骨鱼类（部分软骨、斜方鳞、轻歪尾）和真骨鱼类（硬骨、圆鳞、正尾）三个进化阶段而至现代鱼类。肉鳍鱼类包括总鳍鱼和肺鱼，而总鳍鱼又分空棘鱼类和扇鳍鱼类。拉蒂迈鱼是空棘鱼类的唯一的现生代表，而扇鳍鱼类则全为化石种类。后者曾被认为是陆生四足动物的祖先，但近年被我国学者所否定。肺鱼类从泥盆纪（3亿6千万年前）开始出现，直到现在还有澳洲肺鱼、非洲肺鱼和南美肺鱼为代表。顾名思义，肺鱼是可用肺呼吸的，这可是陆生脊椎动物的基本要求，再加上其它一些特征，肺鱼曾被认为可能是陆生四足动物的祖先。后来这“祖先”地位被“具有内鼻孔”的扇鳍鱼所取代。20世纪80年代，随着扇鳍鱼类内鼻孔的被否定，扇鳍鱼类祖先说动摇了。于是有关学者又回到肺鱼中去寻找陆生四足动物的祖先了。

盾皮鱼复原图

◆ 肺　鱼

肺鱼,体细长，呈鳗形，被小鳞，具二肺。胸、腹鳍呈长丝状，用以察觉周围环境。肺鱼是一种淡水鱼，它们都有坚硬的骨骼，身体表面覆盖有鳞。肺鱼的腮不是很发达，所以它们常常浮到水面用口呼吸。但它们有肺，这是与其他鱼的不同之处，肺鱼也因此而得名。肺鱼几亿年前就开始在地球上生活，可以说它们都是“活化石”。肺鱼类的最早代表是泥盆纪中期的双鳍鱼。在此基础上，肺鱼类在晚泥盆世至石炭纪曾经比较繁盛，至今只有少数极特化的代表生活在非洲、澳洲和南美洲的赤道地区。

目前，世界上仅有澳洲肺鱼、非洲肺鱼和南美肺鱼三种。南美肺鱼长约1米；东非肺鱼是非洲肺鱼中最大的，体有黄色斑驳，长可达2米。美洲及非洲肺鱼均筑巢产卵，由雄鱼护卫。在旱季南美肺鱼埋入泥中夏眠，直到雨季；非洲肺鱼藏在茧中夏眠，茧是鱼体分泌并硬化而成的革质囊。澳洲肺鱼属于角齿鱼科，产于澳大利亚昆士兰。与前两者不同，仅有一个肺，而且鳞大，胸、腹鳍呈桨状。长可达1.30米，重10千克（22磅）。产卵于水草间，不筑巢，旱季亦不夏眠。比南美肺鱼及非洲肺鱼原始。

肺　鱼

肺　鱼

◆ **总鳍鱼**

总鳍鱼的化石种类出现在古生代的泥盆纪，直到中生代的白垩纪趋于绝灭。其中包括长期以来被认为是四足动物祖先的骨鳞鱼。化石总鳍鱼和肺鱼一样具有鳔（肺），和肺鱼不同之处是偶鳍构造较特殊。偶鳍基部有发达的肌肉，鳍内原骨骼排列和陆栖脊椎动物的四肢骨构造相似。早期的总鳍鱼均生活于淡水内，从中生代三叠纪开始，有一支转移到海中生活。这就是残存至今的空棘鱼类，著名的代表就是 1938年在非洲东南部沿岸捕捉到的矛尾鱼。当时曾轰动一时，被称为活化石。

总鳍鱼类有一个强半的歪尾，两对支身体的叶状持的偶鳍，两个背鳍，还有厚的斜方形的齿鳞。总鳍鱼的内内胳有条强壮的脊索，头骨和上下颌完全是硬骨质的。腭上有牙齿，锋利而尖锐，很适合于捉

矛尾鱼

矛尾鱼

住捕获物，因此总鳍鱼显然是肉食性的鱼类。让人奇怪的是偶鳍的内部结构，在偶鳍内有一块与肢带相关节的骨头，在这块骨头的下边是与之相关节的两块骨头，在这两块骨头的下边还有一些向鳍的远端辐射的骨头。把这些骨头与陆生脊椎动物的四肢骨相比，它们分别相当于四肢的骨的肱骨、桡骨与尺骨，但是这样的结构与陆生动物四肢仍然有一定差距。所以科学界对于到底谁是两栖动物祖先的问题上，仍然在肺鱼和总鳍鱼之间摇摆。

千奇百怪的鱼

◆ 飞 鱼

飞鱼平时生活在温暖的海洋表面。体型较短粗，稍侧扁；吻短钝；两颌具细齿，有些种类犁骨、腭骨或舌上具齿；鼻孔两对，较大，紧位于眼前；鳔大，向后延伸；无幽门盲囊；被大圆鳞，易脱落，头部多少被鳞；侧线低，近腹缘；臀鳍位于体后部，约与背鳍相对，无鳍棘；胸鳍特别长，最长可达体长的3／4，呈翼状；有些种类腹鳍发达；尾鳍深叉形，下叶长于上叶；体色一般背部较暗，腹侧银白色，胸鳍色各异，有黄暗色斑点，或淡黄色，或具淡黄白色边缘，或条纹。为热带及暖温带水域集群性上层鱼类，以太平洋种类为最多，印度洋及大西洋次之。中国及临近海域记录有6属38种，以南海种类为最多。当它们受到惊吓或被大型的肉食性鱼追赶时，会使用发达的尾鳍加速游动，并展开胸鳍

飞 鱼

跃出水面，好象飞行一样。

飞鱼为什么能像海鸟那样在海面上飞行呢?说得确切些，飞鱼的“飞行”其实只是一种滑翔而已。科学家们用摄影机揭示了飞鱼“飞行”的秘密，结果发现，飞鱼实际上是利用它的“飞行器”尾巴猛拨海水起飞的，而不是像过去人们所想象的那样，以为是靠振动它那长而宽大的胸鳍来飞行。飞鱼在出水之前，先在水面下调整角度快速游动，快接近海面时，将胸鳍和腹鳍紧贴在身体的两侧，这时很像一艘潜水艇，然后用强有力的尾鳍左右急剧摆动，划出一条锯齿形的曲折水痕，使其产生一股强大的冲力，促使鱼体像箭一样突然破水而出，起飞速度竟超过18米/秒。飞出水面时，飞鱼立即张开又长又宽的胸鳍，迎著海面上吹来的风以大约15米/秒的速度作滑翔飞行。当风力适当的时候，飞鱼能在离水面4~5米的空中飞行200~400米，是世界上飞得最远的鱼。

◆ 鲈　鱼

鲈鱼为近岸浅海中下层鱼类，大概有9500个属种，其数量占世界鱼类总量的三分之一强，也是硬骨鱼中最大的一目。它们广泛分布在太平洋西岸。最大的属种长达4.5米甚至更长，而最小的只有1厘米，为最短的脊椎动物。鲈鱼的亲缘动物有很多种，如攀鲈、石斑鱼、斗鱼、射水鱼、弹涂鱼等。鲈鱼和其亲缘动物的形状都不相同，但它们都有一片骨质的背鳍——前背鳍，这种现象连科学家也迷惑不解。

◆ 会爬树的鱼——攀鲈

攀鲈分布在东南亚多水草的河口、湖泊、沼泽等地，以能在陆地上行走而出名。它们以胸鳍支撑躯体，尾鳍左右摆动，像海豹般向前挪进，并且可以数小时在陆地上活动。这是因为它们的部分鳃呈花瓣般的皱褶状，上面密布着毛细血

鲈　鱼

管，能直接吸收空气中的氧气，持续排出血中的二氧化碳。

攀鲈栖息于静止、水流缓慢、淤泥多的水体。当水体干涸或环境不适时，常依靠摆动鳃盖、胸鳍、翻身等办法爬越堤岸、坡地，移居新的水域，或者潜伏于淤泥中。攀鲈的鳃上器非常发达，能呼吸空气，故离水较长时间而不死，当水体缺氧、离水、或在稍湿润的土壤中可以生活较长时间。攀鲈以小鱼、小虾、浮游动物、昆虫及其幼虫等为食。为了捕食空中昆虫，常依靠头部发达的棘、鳃盖、胸鳍等器官攀爬上岸边树丛。

◆ **斗　鱼**

斗鱼是一种非常美丽的鱼，主要生活在清澈的河川和沼泽中，以蝌蚪和其他一些细小的水生动物为食。斗鱼具有独特的呼吸器官，可以在没有水的情况下呼吸空气。斗鱼全长仅6厘米，但生性好斗，如果将两条雄斗鱼放进同一个水槽中，它们就会斗个不停。这也正是斗鱼名字的由来。

◆ **蝴蝶鱼**

蝴蝶鱼又称珊瑚鱼，属于硬骨鱼纲，鲈形目，蝶蝶鱼科。蝴蝶鱼约有90种，中国近海就有40余种。蝴蝶鱼大都色彩艳丽，全身有数目不等的纵横条纹或花色斑块，体色能随外界环境的变化而改变。体色的改变主要在于其体表有大量色素细胞，在神经系统的控制下展开或收缩，从而呈现出不同的色彩。蝴蝶鱼改变一次体色只需几分钟，有的只需几秒钟。一般人认为色彩鲜艳的动物都是有毒的，它们用鲜艳的颜色来警告其他天敌。其实，蝴蝶鱼无毒无害。

蝴蝶鱼生性胆小，警惕心强，通常藏身于珊瑚丛中，并改变体色来伪装自己。进食的时候，蝴蝶鱼总是争不过其他的鱼，而且一遇到

蝴蝶鱼

风吹草动就慌忙躲起来，要过很久才慢慢出来。当它被饲养在水族箱中时，它的胆小也有其可爱之处。

◆ 网纹蝶鱼

网纹蝶鱼分布在印度洋及日本、菲律宾、中国台湾和南海的珊瑚礁海域，体扁，呈圆盘形，体长约有12~15厘米。其头部为三角形，吻部呈黄色，突出，眼部有一条黑色环带。网纹蝶鱼全身金黄色体表两侧有规则地排列着网眼状的四方形黄斑，酷似鱼网条纹。其背鳍、臀鳍、尾鳍由鳍基部到上边缘依次有黄、黑、黄三条色带。在天然海域中，它们主要吃食珊瑚虫、海菜等。

◆ 神仙鱼

神仙鱼分布在温暖的珊瑚礁浅

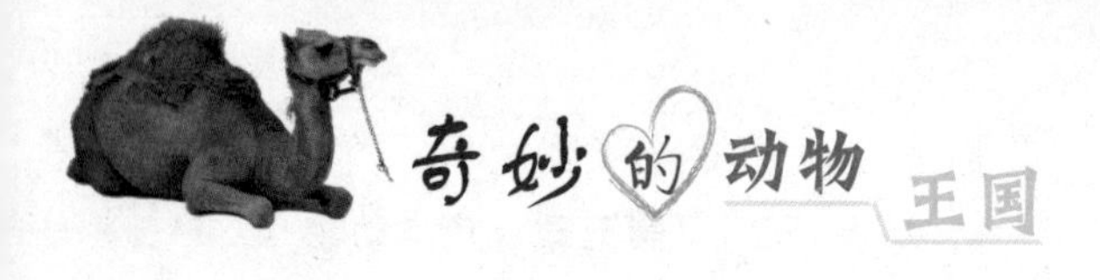

海域。可根据其鳃盖后部的尖刺与蝴蝶鱼相区分。幼鱼和成鱼在色彩图案上也有差异。神仙鱼属卵生，其体长约有15厘米，主要捕食珊瑚虫、活珊瑚及寄生虫等。它们不仅是海洋观赏鱼类中的主要种类，同时也是潜水摄影的最佳对象。其绚丽的色彩是无法用笔墨形容的。神仙鱼更因色彩及斑纹、曼妙的姿态和游姿被冠以“鱼中之王”和“鱼中之后”的美誉。

◆ **七彩神仙鱼**

听名字就知道，七彩神仙鱼有着极漂亮的外表。的确，七彩神仙鱼是热带鱼中最美丽的一种。它们的背鳍和臀鳍十分发达，成鱼的身体呈圆盘形，并有斑纹，随着它的成长，其体形和体色也会有所变化。背鳍位于身体的周边，犹如一个圆“盘子”镶着美丽的花边。

◆ **扳机鱼**

扳机鱼及其近亲都具有不同寻

神仙鱼

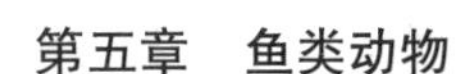

常的形状：有的看起来像是盒子，而有一些则像是足球或餐盘。它们都有一些人们很难看到的其他特征，如小小的嘴巴，与众不同的牙齿，还有脊突上相对较少的椎骨。这类鱼大约有350个属种，并且在全世界都能见到它们，多数扳机鱼生活在近海的浅水区域。

◆ 翻车鱼

翻车鱼是世界上最大、形状最奇特的鱼之一。它们的身体又圆又扁，像个大碟子。鱼身和鱼腹上各有一个长而尖的鳍，而尾鳍却几乎不存在，于是使它们看上去好像后面被削去了一块似的。它们常常在水面晒太阳，尽管其形状笨拙，但有时也会跃出水面。

翻车鱼也是产卵最多的鱼。一般的鱼，一次产卵几十万粒、几百万粒，而生活在海洋里的翻车鱼，一次可产卵几亿粒，创造了产卵的最高记录。翻车鱼产如此多的卵，是否子孙满堂，充满海洋呢？事实并非这样。其一，翻车鱼是大洋性鱼类，环境的变化无常，它的卵和幼鱼有的经过暴风骤雨、汹涌波涛的袭击、称了大自然的牺牲品。有的成了肉食性鱼类和其他海洋生物的腹中食，活下来的仅仅是百万分之几。所以需要多产卵才能逃脱大自然的无情淘汰；其二，翻车鱼虽然体长4米多，重1400~3500千克，但它的游泳能力极差，几乎到了随波逐流的地步，自卫能力很低，只有产卵多，才能保存种族。翻车鱼的软骨特别多，也是世界上最重的多骨鱼。

◆ 鱼类中的活化石——鲟鱼

鲟鱼是世界上现有鱼类中体形大、寿命长、最古老的一种鱼类。最早出现于距今2亿3千万年前的早三叠世，一直延续至今，真可谓“活化石”。目前地球上尚有鲟（鳇）鱼26种：分布于北美7 种、欧洲12种、亚洲11种（我国8种）。鲟鱼系现存的古老生物种群,起源于亿万年前的白垩纪时期,素有水中“熊猫”之称。鲟鱼以其奇特的体形而被作为观赏鱼饲养。鲟鱼的头呈犁形,口下位,尾歪形,体背5行骨板。其幼鱼与成鱼均具观赏价值，其中施氏鲟（分布于黑龙江）自人工繁殖成功后，其幼鱼已正式作为观赏鱼进行人工饲养。多数种的常见个体都在几十千克至数百千克，欧洲鳇最大个体1600千克，我国中华鲟最大个体600千克。

◆ **中华鲟**

中华鲟是一种大型的溯河洄游性鱼类，是我国特有的古老珍稀鱼类。世界现存鱼类中最原始的种类之一。远在公元前1千多年的周代，就把中华鲟称为王鲔鱼。中华鲟属硬骨鱼类鲟形目。

中华鲟虽然个体庞大，但却摄食“斯文”，只以浮游生物、植物碎屑为主食，偶而吞食小鱼、小虾。属于软骨硬鳞鱼类，身体长梭形，吻部犁状，基部宽厚，吻端尖，略向上翘。口下位，成一横列，口的前方长有短须。眼细小，眼后头部两侧，各有一个新月形喷水孔，全身披有棱形骨板五行。尾鳍歪形，上叶特别发达。中华鲟鱼，属世界27种鲟鱼之冠，它个体硕大，形态威武，长可达4米多，体重逾千斤。

中华鲟在分类上占有极其重要地位，是研究鱼类演化的重要参照物，在研究生物进化、地质、地貌、海侵、海退等地球变迁等方面均具有重要的科学价值和难以估量的生态、社会、经济价值。但由于种种原因，这一珍稀动物已濒于灭绝。保护和拯救这一珍稀濒危的

中华鲟

“活化石”对发展和合理开发利用　有深远意义。
野生动物资源、维护生态平衡，都

动物大世界

溺死在水中的鱼

鱼有鳃，可以在水中呼吸，鱼有鳔，可以在水中自由地沉浮。可是，有人说生活在水中的鱼也会溺死，这是真的吗？

虽然这听起来很荒谬，但却是事实。鱼鳔是鱼游泳时的“救生圈”，

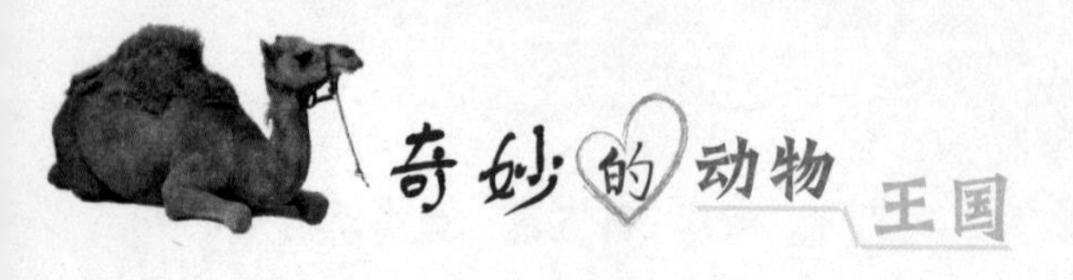

它可以通过充气和放气来调节鱼体的比重。这样，鱼在游动时只需要最小的肌肉活动，便能在水中保持不沉不浮的稳定状态。不过，当鱼下沉到一定水深（即“临界深度”）后，外界巨大的压力会使它无法再凋节鳔的体积。这时，它受到的浮力小于自身的重力，于是就不由自主地向水底沉去，再也浮不起来了，并最终因无法呼吸而溺死。虽然，鱼还可以通过摆动鳍和尾往上浮，可是如果沉得太深的话，这样做也无济于事。

另一方面，生活在深海的鱼类，由于它们的骨骼能承受很大的压力，所以它们可以在深水中自由地生活。如果我们把生活在深海中的鱼快速弄到“临界深度”以上，由于它身体内部的压力无法与外界较小的压力达到平衡，因此它就会不断地“膨胀”直至浮到水面上。有时，它甚至会把内脏吐出来，“炸裂”而死。

第六章

两栖动物

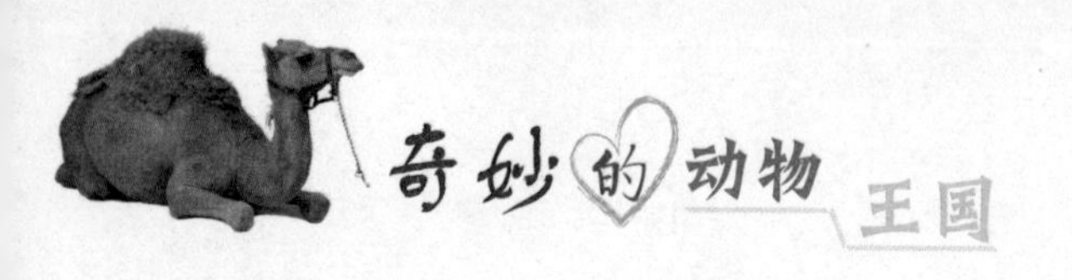

在脊椎动物的进化史中，两栖类是从水到陆、承上启下的关键类群。从它开始，脊椎动物才在陆地上打开局面，从而后来进化出爬行类、鸟类，以及哺乳类和我们人类。所以，探讨两栖动物的起源，实际上也就是探讨四足动物的起源。

早期两栖动物有的身上披有甲片，减少体液的蒸发。后期的两栖动物则大多发育有体表粘腺，以资润滑。不过，总的说来，两栖动物始终未曾彻底解决干燥问题，对水还有一定的依赖性。它们的卵还得下在水中，并在那里孵化。它们的幼体基本上还是一条鱼，在水中游泳，用鳃呼吸。正因为这样，它们只能“徘徊”在水域附近，未能向陆地的纵深发展。在整个脊椎动物中，比较而言，它们一直不很繁盛，分布也不很广。

两栖动物是第一种呼吸空气的陆生脊椎动物，它们直接由鱼类演化而来，这些动物的出现代表了从水生到陆生的过渡期。两栖动物生命的初期有鳃，当成长为成虫时逐渐演变为肺。两栖动物从幼虫发育到成熟，需要经历一系列的变形。它们的身体结构，感官功能决定了它们能适应两种完全不同的生活环境，所有两栖动物都是“冷血”的。我国现有两栖类动物302种。而云南由于特殊的地理和复杂多样的自然环境，具有十分丰富的两栖类物种，约100余种。在这一章里，我们就来谈一下两栖动物的相关知识。

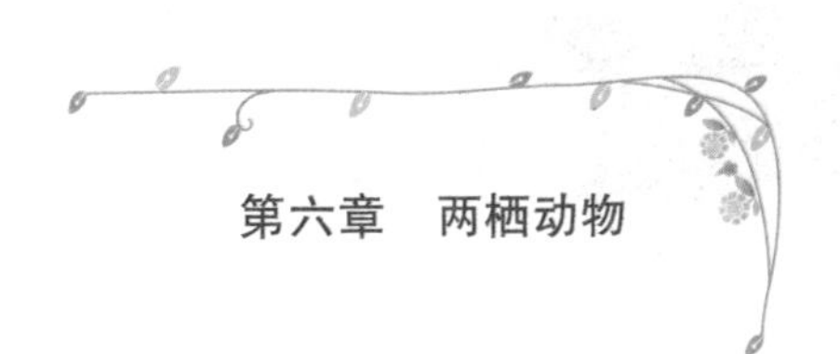

无足目

无足目或称蚓螈目，通称为蚓螈，是现代两栖动物中最奇特人们了解的最少的一类。蚓螈完全没有四肢，是现存唯一完全没有四肢的两栖动物，也基本无尾或仅有极短的尾，身上有很多环褶，看起来极似蚯蚓，多数蚓螈也象蚯蚓一样穴居，生活在湿润的土壤中。蚓螈虽然有眼睛，但是比较退化，有些隐藏于皮下或被薄骨覆盖，而在鼻和

蚓　螈

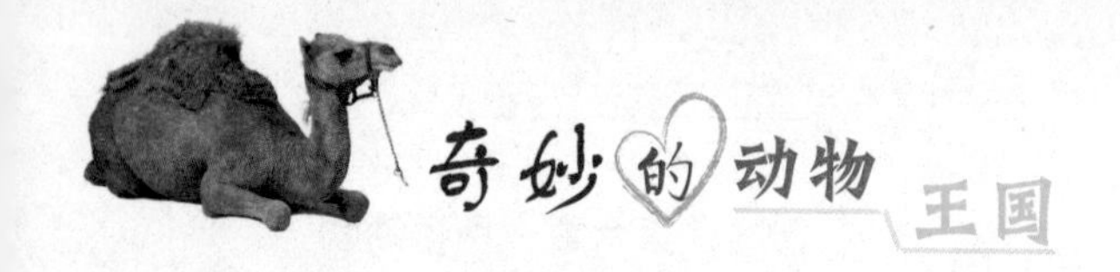

眼之间有可以伸缩的触突，可能起到嗅觉的作用。一些蚓螈背面的环褶间有小的骨质真皮鳞，这是比较原始的特征，也是现代两栖动物中唯一有鳞的代表。

所有的蚓螈都是肉食性动物，主要捕食土壤中的蚯蚓和昆虫幼虫。不少蚓螈是卵胎生，但是也有一些是卵生。蚓螈共有160余种，分布于西半球（从墨西哥至阿根廷北部）以及非洲、东南亚和塞席尔群岛。体长，四肢及腰带已退化。特征为体表有许多体环，体长10～150厘米，直径最大为5厘米。颜色从黑到粉红棕色不等。眼小，隐于皮下乃至骨下。眼与鼻孔间有一化学感受触须。

蚓螈生活在热带，在水中或地下度日。它们用钝钝的头钻土寻找蠕虫、白蚁和蜥蜴，它们用尖利的

蚓　螈

牙齿来切割和捉住所捕猎物。有些蚓螈产卵并孵化成幼虫，另一些产下活的幼仔。几乎所有蚓螈都和蚯蚓一样栖息在地底下，不但很难观察也很难发现，所以这种无足目的两栖动物是最不为人所知的两栖动物。

大型蚓螈，多以无脊椎动物为食，偶尔也会捕食小型蜥蜴。一般切碎的鱼虾肉或面包虫都可以接受。人工饲料也能够欣然接受，在食物供给上并不会有任何困难。至于雌雄的辨别一样也十分困难，雌蚓螈将卵在体内孵化并让幼体成长至一定长度才会产下。因此幼体产下后便能够脱离雌蚓螈独立谋生。

无尾目

无尾目包括各种蛙和蟾蜍，幼体和成体区别甚大，仅蝌蚪有尾。出现于三叠纪，现代绝大多数两栖动物均属此类，世界性分布，但在拉丁美洲最丰富，其次是非洲。无尾目可分为始蛙亚目和新蛙亚目，或进一步将始蛙亚目划分为始蛙亚目、负子蟾亚目和锄足蟾亚目。

◆ 青　蛙

青蛙身体短小，后腿有力，没有尾巴，后脚趾之间有蹼相连，既可用来跳跃，也可用来拨水游动。青蛙通常靠跳跃行进，既可生活在地面上，也可生活在树木中。青蛙成年后，能吞下像昆虫和蛞蝓这样的小动物。青蛙很少离开潮湿的地方，因为它们必须使皮肤保持湿润。通常，它们会返回水中产卵。

青 蛙

蛙类大约有4800种，绝大部分生活在水中，也有生活在雨林潮湿环境的树上的。卵产于水中，也有的树蛙仅仅利用树洞中或植物叶根部积累残余的水洼就能使卵经过蝌蚪阶段。蛙类最小的只有50毫米，只相当一个人的大拇指长，大的有300毫米（一尺多长），瞳孔都是横向的，皮肤光滑，舌尖分两叉，舌跟在口的前部，倒着长回口中，能突然翻出捕捉虫子。有三个眼睑，其中一个是透明的，在水中保护眼睛用，另外两个上下眼睑是普通的。头两侧有两个声囊，可以产生共鸣，放大叫声。体形小的品种叫声频率较高。

蛙类的舌头很独特，能分泌很多黏液，舌根倒生在下颌前缘，舌头尖且薄，有分叉。捕捉食物时，舌尖突然翻出，粘住食物，卷入口中。它的口腔宽而扁，上颌和口腔的上壁有细齿，可以防止食物逃脱。它的食管也很宽大而且有伸缩性，所以能吞下较大的害虫。蛙胃的消化能力较强，能把囫囵吞下去的害虫消化得一干二净。

青蛙眼睛的颜色和瞳孔的大小是不一样的。例如，红眼树蛙的瞳孔是垂直的，善于夜视和迅速对光线变化作出反应，像猫眼一样，但它的眼睛根本就看不见静止的食物。对于五彩缤纷的大千世界，青蛙却视而不见，如同坐在出了故障的电视机前一样，只看到灰蒙蒙

青　蛙

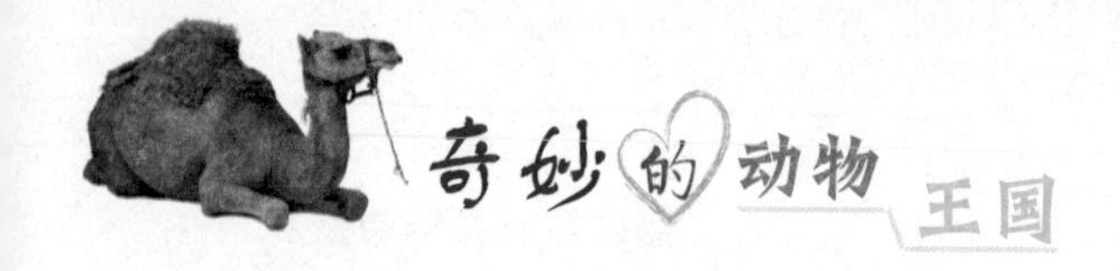

的一片，一旦有什么活物从这一“灰色的屏幕”前掠过，倒是休想逃出青蛙的大眼，因此，青蛙对于运动中的猎物往往是十拿九稳，手到擒来。

牛蛙：牛蛙是指独居的水栖蛙，因其叫声大而得名，鸣叫声宏亮酷似牛叫，故名牛蛙,为北美最大的蛙类。原产于美国东部数州，后被引进西部各州和其他国家。其他一些大型蛙类亦称牛蛙，如非洲的箱头蛙和印度的虎纹蛙以及南美的细趾蟾科。牛蛙体绿或棕色，腹部白色至淡黄色，四肢有黑色条纹。体长约20厘米，后肢长达25厘米。成体大者体重超过0.5千克（1磅）。常生活于静水中或其附近。春季繁殖，卵产于水中。蝌蚪呈绿褐色带有深色斑点。蝌蚪阶段持续1～3年，决定于气候条件。许多牛

牛 蛙

日本林蛙

蛙可供食用或用作实验材料。

林蛙：林蛙体长约有4~7厘米，体背多为灰褐色，鼓膜除有三角形黑斑，背侧褶不平直，在颚部形成曲折状。林蛙主要栖息在林木繁茂、杂草丛生、地面潮湿的环境内，有些种类还可以生活在海拔3000~3500米的山地森林或高山草甸中，可谓是“登山家”。每年秋分前后，林蛙下山入水，开始漫长的冬眠。它们多在水深2米以上的严冬不能冻透的深山湾、水库中越冬。开始为散居冬眠，当温度降到－10℃以下时，林蛙开始群居冬眠。

豹树蛙：与其他蛙不同的是，豹树蛙有滑翔的本领，它们飞腾到空中是为了移动到不同的树上，或下至地面以进行交配。它们的四肢有宽松的皮肤，脚趾长而有蹼，这些特征都有利于在空中滑翔。其趾端的吸盘可使它们在树干或叶片上进行高难度的降落。豹树蛙利用前肢与后肢趾间的蹼，还可以在空中做出转身180度的高难动作。

达尔文蛙：这种小型蛙生活在南美洲的大部分地区，常在树丛里跳来跳去。它们抚育幼蛙的方式与众不同。繁殖时节，雌蛙产下20~30个卵之后，雄蛙就伏在卵上，一直等到蝌蚪即将孵化出来时，再用舌头把它们卷起咽下去。卵会落到雄蛙的声囊里。小蝌蚪就在那里生长。当蝌蚪长到大约1厘米长，至留下一条小尾巴时，雄蛙便张开嘴，让蝌蚪们跳出去。而小蝌蚪在声囊里时，雄性达尔文蛙也能继续进食。

达尔文蛙

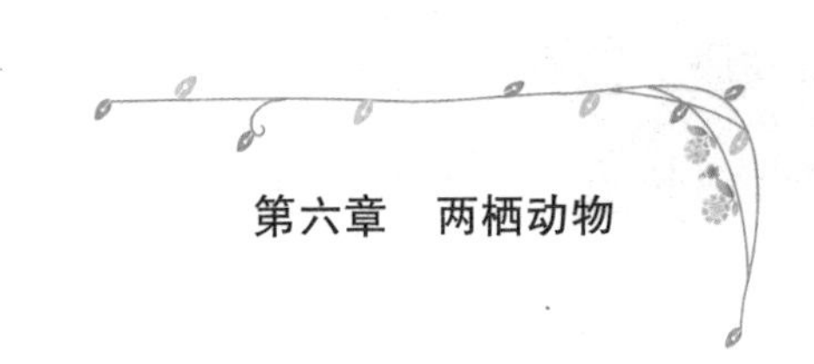

动物大世界

青蛙趣闻

—青蛙不喝水，水是通过皮肤吸收的。

—青蛙一次产卵4000粒。

—青蛙的眼睛和鼻子张在头顶上，所以青蛙身体在水下时仍可呼吸和观察。

—有的青蛙的弹跳高度是身体长度的20倍。

—两栖动物眼睛的形状和大小多种多样,由的瞳孔是方形的，有的是心脏形的。两栖动物不能分辨颜色。

—青蛙皮肤放射紫外线的数量与周围相等，所以能有效地避免蛇的捕捉。

—塞舌尔岛上有一种蛙（雄性），将小青蛙驮在自己的背上，直到小青蛙长大。

—达尔文雄蛙将雌蛙产的卵含在口中，直到孵化后才吐出。

—硝铵（一种化肥）能使青蛙死亡。

—有一种青蛙皮肤中含的成分具有镇痛作用，比吗啡强200倍。

—灰树蛙在温度低于零度时能停止心脏跳动，以抵御冰冻。

—青蛙不能生活在海水（咸水）中。

—最小的青蛙体长仅1.2厘米。

—喀麦隆巨蛙的体长达30厘米。

—两栖动物的抗逆性很强，能生活在缺氧的水中

◆ 蟾　蜍

蟾蜍又名癞蛤蟆。它们的皮肤表面有疣，具有防止体内水分过度蒸发和散失的作用。它们行动笨拙，不善游泳，绝大部分时间生活在陆地上，只在产卵时才会回到水里。蟾蜍的卵很长、多筋，通常缠在水生植物上。当被敌人袭击时，它们会从眼后的耳后腺射出毒液。蟾蜍是农作物害虫的天敌。它们一夜吃掉的害虫要比青蛙多好几倍。冬季到来后，它们会潜入烂泥内冬眠。

锄足蟾是挖掘地洞的行家，在每一只后脚上，都有一条隆起硬皮，可以像铲子一样挖掘松软的沙质土壤。锄足蟾生活在干燥地区，它们常常一连几个月躲在地下，如

蟾　蜍

东方铃蟾

果下雨了，它们就会爬到地表，在那里交配、产卵。这些卵只需要两周的时间就能变成小蟾蜍，这有助于小蟾蜍在水容易干涸的地区生存下去。

铃蟾的背部是不引人注意的灰绿色，但是在其腹下却是耀眼的鲜红色，并且还有黑色图案。如果遭到食肉动物的袭击，它们就会将头拱起，把腿抬高，展示这些亮丽的标记，向对方发出警告：这是有毒的，袭击它是很危险的事情。

海蟾蜍：海蟾蜍是世界上最大的蟾蜍。野生状态下，雌蟾蜍的重量常常超过1千克。它们在黄昏进食，几乎不惧怕任何食肉动物，因为它们的皮肤里有能产生巨毒的液腺。海蟾蜍最初只生活在美洲的热带地区，但由于它们吃昆虫吃得太多了，于是后来被引进到世界上的其他地区，并且常常又会造成灾难性的后果。

叫声响亮的黄条蟾：欧洲黄条蟾的叫声特别响亮，听起来像一台轰鸣的机器。虽然叫声每次只持续几秒钟，但在寂静的夜晚，即使于2千米以外，也能听到它们的声音。

苏里南蟾蜍：苏里南蟾蜍身体扁平，脑袋呈三角形，皮肤上不满了肉瘤，是南美洲最与众不同的两栖动物之一。它们生活在河流和小溪中，依靠纤细的前趾觅食。这种蟾蜍的繁殖很独特：雌蟾蜍产卵后，雄蟾蜍用身体把卵压在雌蟾蜍背上海绵状的皮肤里，保护卵不被肉食动物吃掉。3~4个月后，一些形体完全长成的小蟾蜍就会孵化出来。

非洲爪蟾：非洲爪蟾生活在非洲南部的池塘和湖泊里。与其近亲苏里南蟾蜍一样，它们一生都在水中度过。它们的身体肥硕、扁平，头尖尖的，呈流线型。这些特点同它们那大大的蹼足一样，有助于在水中滑动。特别的是，它们的眼睛和鼻孔都朝上。非洲爪蟾常将卵产在地下。蝌蚪吃微小植物、幼虫和其他小动物。

非洲爪蟾

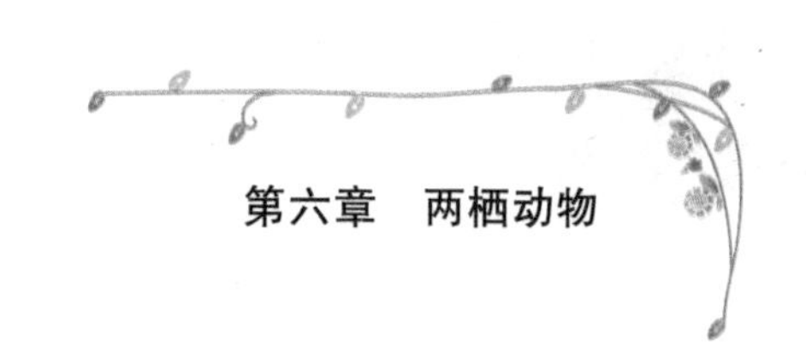

动物大世界

蟾蜍趣闻

蟾蜍，俗称癞蛤蟆，在动物分类学上属脊椎动物门、两栖纲、无尾目、蟾蜍科。本科现已有25个属300种左右，我国目前已知有2个属17个种和亚种，其中中华大蟾蜍分布最广，几乎全国各地均有分布。但近年来，由于生态环境日趋恶化，野生资源急剧减少，人工养殖蟾蜍已势在必行。

蟾蜍是一种药用价值很高的经济动物。其全身是宝，蟾酥、干蟾、蟾衣、蟾头、蟾舌、蟾肝、蟾胆等均为名贵药材。

蟾蜍的耳后腺、皮肤腺分泌的白色浆液的干燥品叫蟾酥，是珍贵的中药材，内含多种生物成分，有解毒、消肿、止痛、强心利尿、抗癌、麻醉、抗辐射等功效，可治疗心力衰歇、口腔炎、咽喉炎、咽喉肿痛、皮肤癌等。目前德国已将蟾酥制剂用于临床治疗冠心病，日本以蟾酥为原料生产“救生丹”。我国著名的六神丸、梅花点舌丹、一粒牙痛丸、心宝、华蟾素注射液等50余种中成药中都有蟾酥成分。

蟾蜍除去内脏的干燥尸体为干蟾皮，性寒、味苦，可用于治疗小儿疳积、慢性气管炎、咽喉肿痛、痈肿疔毒等症。近年来用于多种癌肿或配合化疗、放疗治癌，不仅能提高疗效，还能减轻副作用，改善血象。

蟾衣是蟾蜍自然脱下的角质衣膜，对慢性肝病、多种癌症、慢性气管炎、腹水、疔毒疮痈等有较好的疗效。此外，蟾蜍的头、舌、肝、胆均可入药；同时蟾蜍的肉质细嫩，味道鲜美，还是营养丰富的保健佳肴。

有尾目

有尾目是指终生有尾的两栖动物，幼体和成体区别不大，包括各种鲵和蝾螈，出现于侏罗纪，现在主要分布于北半球，特别是北美洲，其次是东亚和欧洲，可分为原始的隐鳃鲵亚目和进步的蝾螈亚目。

◆ 蝾　螈

蝾螈是侏罗纪中期演化的两栖类中的一类。目前存活的约有400 种，它们一般生活在淡水和潮湿的林地之中，以蜗牛、昆虫、及其它的小动物为食物。有尾目蝾螈科两生动物，10个属40余种，分布区域广泛。水栖者皮肤光滑，称蝾螈，而陆栖者皮肤粗糙，称水蜥。体躯细长，尾呈侧扁状（高大于宽）。

蝾螈是很害羞的动物，通常藏在潮湿的地方或水下。它们的皮肤光滑而有黏性，尾巴很长，头部钝圆。它们中许多种类终生在水中生活，而另一些则完全生活在陆地上，还有的在潮湿黑暗的洞穴中生活。蝾螈终生有尾，属有尾目。与其同属一目的有鳗螈、钝口螈、洞螈等。

北螈属的3个种是英国蝾螈的代表种。在英国最普通的种类是滑北螈（普通北螈），身上有斑点，亦遍布全欧。最大的欧洲蝾

水中精灵——蝾螈

螈是冠北螈，体长约17厘米。加利福尼亚蝾螈（肥渍螈）产于北美洲西部潮湿地带，体长约15厘米。赤水蜥（变绿东美螈）是北美东部最常见的种类，需在陆地生活2～3年后方变为永久的水栖动物，在由陆生变为水生的过程中，体色由鲜红变为暗绿，且体两侧各出现一排红色斑点。日本蝾螈（红腹蝾螈）常被作为玩赏动物，在豢养条件下可活数年。蝾螈也见于中东、伊朗，中国大部分地区和邻近地区。

◆ 最珍贵的两栖动物——大鲵

大鲵是世界上现存最大的也是最珍贵的两栖动物。它的叫声很像幼儿哭声，因此人们又叫它“娃娃鱼”。大鲵身体扁圆，头宽而扁，它的嘴巴特别宽大，眼不发达，无

娃娃鱼

眼睑。有四条短小的腿。身体前部扁平，至尾部逐渐转为侧扁。体两侧有明显的肤褶，四肢短扁，指、趾前五后四，具微蹼。尾圆形，尾上下有鳍状物。体表光滑，布满粘液。身体背面为黑色和棕红色相杂，腹面颜色浅淡。

大鲵的体色可随不同的环境而变化，但一般多呈灰褐色，体表光滑无鳞，但有各种斑纹。在两栖动物中要数它体形最大，全长可达1米至1.5米，体重最重的可超百斤，而外形有点类似蜥蜴，只是相比之下更肥壮扁平。大鲵栖息于山区的溪流之中，在水质清澈、含沙量不大，水流湍急，并且要有回流水的洞穴中生活。

◆ 黑斑肥螈

黑斑肥螈体形肥壮，头部扁平，躯干至尾基部浑圆，尾后端侧扁。黑斑肥螈全身皮肤光滑，或背部略有细粒；背部和体侧青灰带黑，散布着深色小圆斑点；腹部呈橘黄或橘红色。它们一般在5~6月产卵，成堆的乳白色卵黏附于石块下。黑斑肥螈分布在我国江南地区，多栖息于海拔800~1700米的山溪石隙中，主要以蜉蝣目、双翅目、鞘翅目等昆虫为食。

◆ 火蝾螈

色彩艳丽的火蝾螈一般生活在陆地上。它们的皮肤多有毒，呈现黄色和黑色的图案。当它们寻找食物时，敌人往往会离得远远的。火蝾螈生活在森林和其他潮湿地区。它们夜里出来，通常在雨后去捕食蚯蚓这样的猎物。它们在陆地上交配，但是雌性火蝾螈会在池塘和溪流里直接产下幼螈。

法国火蝾螈

◆ **巨鳗螈**

据鳗螈分布于美国东南部和墨西哥东北部。其身体全长可达60~70厘米体形呈圆柱状，主要生活在水池的泥沼中。巨鳗螈平时隐蔽在水生植物风信子的根部，尝到水面呼吸，偶尔也到陆地上活动。它们能翻掘泥浆，埋藏在泥下度过干旱期。巨鳗螈主要以昆虫等为食。它们的卵产在水里。卵依附在水生植物上及其根部。几个星期后，在卵内已发育的、长达5~10毫米的幼体就孵化出来了。

动物大世界

蝾螈的捕捉

蝾螈是有尾两栖动物，我国常见的是东方蝾螈，人们简称它为蝾螈。它的肚皮是红色，是良好的观赏动物。东方蝾螈主要分布在我国长江以南，浙江杭州的黄龙洞、虎跑、白沙泉等常能见到。东方蝾螈喜栖于山麓水潭中或水流缓慢的山涧里。这些水域的水较清澈，水中往往长有水草。捕捉蝾螈必须到有这些水域的地方。 在自然界中，蝾螈没有明显的冬眠蛰伏现象，所以一年四季都能捕到，尤其春季至秋季容易获得。这时候由于气温适宜，蝾螈在水中非常活跃，常在水底和水草下面活动，一般隔几分钟就要游出水面吸气。所以，只要在潭旁静候观察，发现蝾螈，便可立即用捞网捕捉。入冬之后，蝾螈隐伏在水底、潮湿的石窟内或石缝间，一般不窜出水面；当水干涸或上面有薄冰时，往往伏在水草间、石块下，甚至移至陆上，伏在树洞或地面裂缝中过冬。这时

蓝尾蝾螈

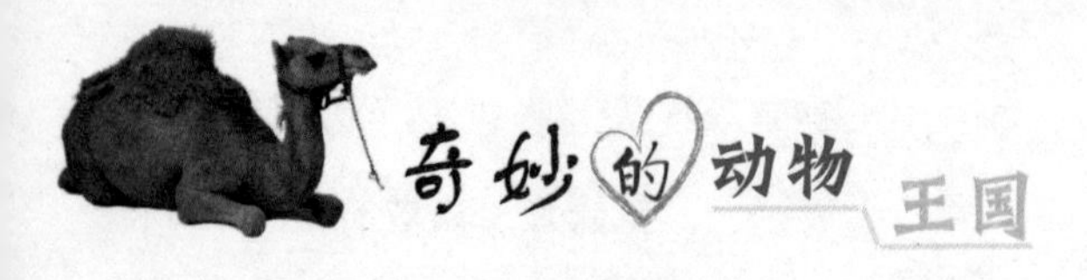

候较难发现和捕获蝾螈，只好将潭水搅动，迫使蝾螈活动，乘浑水捞获。蝾螈从窜出水面吸气到下沉，一般只有3～4秒，因此捕捉时要眼明手快，必须掌握时机，迅速捞捕。一般可将捞网伸入水面等待，当蝾螈刚升上水面时轻轻一捞，便可捕获，放入盛水的塑料桶里。野外见到粘有蝾螈卵的水草，可顺便采集，带回室内孵化。

第七章

爬行动物

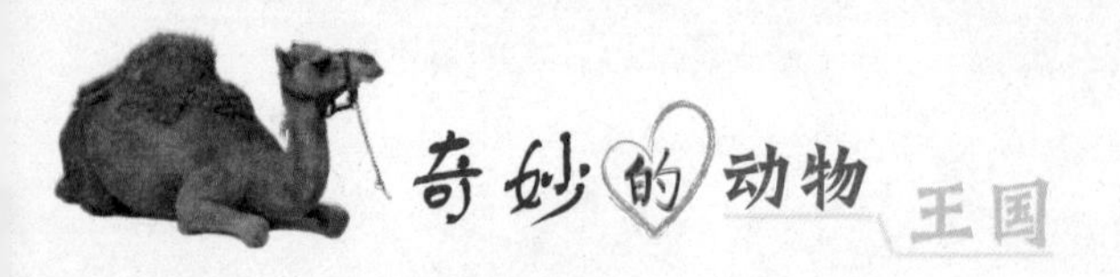

爬行动物是第一批真正摆脱对水的依赖而真正征服陆地的脊椎动物，也是统治陆地时间最长的动物。现在，大多数爬行动物的类群已经灭绝，只有少数幸存了下来。但是就种类来说，爬行动物仍然是非常繁盛的一群，其种类仅次于鸟类而排在陆地脊椎动物的第二位。爬行动物的体表都覆盖着保护性的鳞片或坚硬的外壳，它们的卵都有一层防水壳，这两个特点使它们可以离开水生活在干燥的陆地上。爬行动物可以在多种陆地环境中生存，但通常生活在温暖的地方。因为它们要靠阳光来取暖。一旦身体变暖，它们就以极快的速度四处活动。因为不需要靠食物来维持体温，所以在缺少食物的沙漠，爬行动物也可以生活得很好。蛇、蜥蜴、龟和鳄鱼都是爬行动物。

在生命进化的过程中，爬行动物占有极其重要的地位。目前，世界上的爬行动物共有6000多种，分为四大类：龟鳖目（龟、鳖等）、喙头目（包括两种楔齿蜥）、有鳞目（蜥蜴、蛇等）和鳄目（短吻鳄、长吻鳄等）。其中龟鳖目是现存爬行动物中最古老的一类，几乎与恐龙同时代出现。其进化极其缓慢，是陆栖、水栖的爬行类。这一章，我们希望通过介绍爬行动物，让大家更加了解爬行动物，与爬行动物和谐相处，与大自然和谐相处。

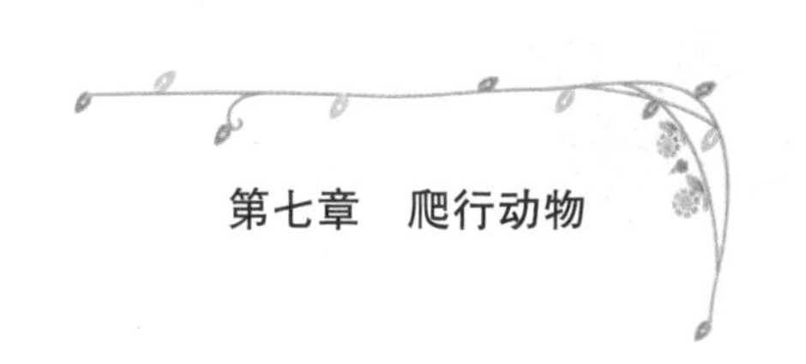

龟鳖目

◆ 龟

世界上的龟共有数百种，有淡水龟、海龟和陆龟几大种类。龟的身体长圆而扁，背部隆起，有坚硬的龟壳保护着身体的各个器官。它们的四肢粗壮，趾有蹼爪，头、尾和四肢都有鳞，且均能缩进壳内。陆龟一般都有短粗的腿和钝钝的爪子，而海龟的腿扁平，像鳍一样。淡水龟和海龟的腿既可以游泳，也可以行走，有时甚至还能用来进行攀爬。一般来说，龟不具有攻击性。

乌龟身上最灵活的部分要数头颈了。平时，长长的脖子总是高高地伸在硬壳外面，前后左右四处转

龟

动，看看周围有无危险，再找找哪儿有好吃的东西。龟甲是贵重的药材，有解毒和清热的功效。此外，龟甲还是制作眼镜框、发夹、梳子和其他工艺装饰品的上等原料。

龟是地球上最长寿的动物。科学家认为这与它性情懒惰、行动缓慢、新陈代谢率低有关。龟的心脏机能很特别，从活的龟体内取出的心脏有的竟可以连续跳动两天。龟类长寿无疑与它们的生活习性、生理机能密切相关，但确切的原因还有待进一步研究。

◆ 鳖

鳖俗称甲鱼、水鱼、团鱼和王八等，属爬行纲，龟鳖目，鳖科，鳖属有三十多种。鳖是变温动物，为水陆两栖，用肺呼吸，所以在养鳖池的周围或中心要有足够面积的

鳖

陆地沙滩以便它进行陆上活动。鳖喜静怕惊，喜阳怕风，喜洁怕脏。鳖对周围环境的声响反应灵敏，只要周围稍有动静，鳖即可迅速潜入水底淤泥中。

鳖主要以小鱼、小虾、螺、蚌、水生昆虫、蚯蚓、动物内脏等为食，同时也兼食蔬菜、草类、瓜果等。在食物不足时，同类会互相残杀。鳖既贪食又耐饿，一次进食后很长时间不吃东西，也不会死亡。鳖是一种变温动物，对周围温度的变化非常敏感。当外界温度降至15℃以下时，鳖便开始停食，潜伏在水底泥沙中冬眠（一般为10月至翌年4月），冬眠期长达半年之久。因此，在自然条件下养鳖，生长缓慢，一般一年只长100克左右。为了加快鳖的生长速度，在人工养殖中常采用加温措施，打破鳖的冬眠习性，加快生长速度。

在自然温度条件下，鳖生长

德克萨斯刺鳖

4～5龄时才可达到性成熟；水温达到20℃以上时，开始发情交配。一次交配，多次产卵。北方一年产卵2～3次，南方4～5次。5～8月为产卵期，6～7月为产卵高峰期。产卵时间一般在下半夜（0～6点），这与鳖喜欢安静的环境有关。鳖的产卵方式为掘洞产卵，产后用沙土埋上，因此在池周要设沙土质的产卵场。

动物大世界

陆地最大的龟

象龟是陆生龟类中最大的一种，以腿粗似象脚而得名。象龟头大，颈长。背甲中央高隆，椎盾5片；肋盾每侧4片；缘盾每侧9片，前后缘略呈锯齿状，微向上翘起；颈盾1片；臀盾单片，较大。四肢粗壮，柱状。背甲、四肢和头尾均青黑色，每片椎盾和肋盾均有不规则黑斑，皮肤松皱。背甲长可达1.5米，最重达375千克，常栖息于山地泥沼、草地。干旱季节栖于多雾山顶。象龟个体大，肉味鲜美，是珍贵的观赏动物，因大量捕猎，已濒临灭绝。

象龟最喜欢吃多汁的绿色仙人掌，每天可食10千克以上。因为它平时在体内积蓄了大量的食物，所以长时间不吃不喝，也不会饿死。它的寿命很长，可活三四百岁。象龟虽然生活在海岛上，但只喝淡水。有时为找淡水解渴，能爬行好几千米寻觅水源。

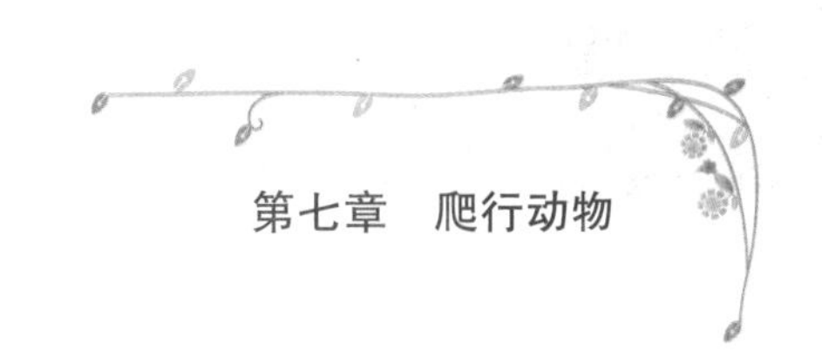

有鳞目

◆ 蜥　蜴

蜥蜴是当今世界上分布最广的一类爬行动物。世界上大约有4000种不同的蜥蜴，主要分布在热带地区。蜥蜴的皮肤粗糙，体表布满鳞片。它们多数时间都在晒太阳，以保持体温。它们主要捕食昆虫和其他小动物，并用尖牙咬住猎物，以防止它们逃脱。小蜥蜴是从卵中孵化出来的，但也有一些没有孵卵这个过程，而是胎生。蜥蜴的腿和尾巴通常很长，遇到紧急情况时，许

蜥　蜴

壁　虎

多蜥蜴都能使尾巴脱落，躲避袭击。之后，在原来的地方又会长出一条新尾巴来。

壁虎科：包括各种壁虎、蜥虎、沙虎、睑虎等。已知我国有10属约30种，壁虎科中多种是与人类伴居生活的蜥蜴，它们体扁而轻，指、趾扩张，其下表面形成许多皮肤褶襞、由无数亚显微结构的细毛构成，有粘附能力，善于在光滑的墙壁或天花板上爬行，于夜晚在灯光下活动捕吃昆虫。

鬣蜥科：包括各种鬣蜥、树蜥、龙蜥、沙蜥等。已知我国有9属约50种。这类蜥蜴多数的颈、背有较长鳞片构成颈鬣及背鬣。适应不同的生活方式，差别很大。例如树蜥与龙蜥善于攀援，体轻，体表粗糙（鳞片尖出或起棱），四肢及指、趾均较细长，爪发达，尾具缠

绕性。又如飞蜥的前后肢间有发达的皮膜，由几对伸长的肋骨支持，形成“翅”，可以由高处滑翔到地面，或从这株树上滑行到另一株树上。它们并不能作真正的飞行。

蛇蜥科：如各种蛇蜥。我国有1属 3种，是适应地下穴居生活的。体形细长，四肢完全退化，耳孔亦缩小，外形象蛇。

屏蜥科：本科共有 2属4科，分隶2亚科。是一类较多原始特征的蜥蜴。其中鳄蜥亚科1属1种，仅分布于我国广西壮族自治区。

巨蜥科：本科仅1属约 30种，多是一些体形巨大的蜥蜴，其中科摩多巨蜥全长可达4米，是现今最大的蜥蜴。我国只有1种圆鼻巨蜥，全长也有2米多，喜栖水中，尾长而扁，是有力的滑水工具。

双足蜥科：本科仅有1属4至5种。我国只有1种白尾双足蜥。它们是营地下穴居生活的蠕虫状蜥

蛇　蜥

草　蜥

蜴，四肢退化，仅雄性残留一对扁平鳍状的后肢。眼退化隐于鳞片之下，耳孔亦退化。

蜥蜴科：包括各种麻蜥、草蜥、地蜥等。已知我国有4属25种。麻蜥主要分布于北方干燥环境，草蜥多分布于南方，经常在草丛灌木上活动，体轻尾长，善于攀援。

石龙子科：包括各种石龙子、滑蜥、蝘蜓、岛蜥、南蜥等。我国已知8属30种。本科蜥蜴多营地面生活，一般体躯正常，四肢发达，善于在地面奔跑。滑蜥属多在枯枝落叶间穿行，体形细长，体表光滑，四肢较弱，下眼睑上有一透明“睑窗”，眼睑闭合时也可透过睑窗感知光线强弱。

◆ 蛇

蛇是爬行运动中比较特别的一种。它们没有腿，没有眼睑和外耳，可是它们有发达的内耳，能敏锐地接收地面振动传播的声波刺激。蛇的上下颌长满牙齿，而且牙齿向后生，利于它们吞咽时抓紧猎物。蛇的舌头上长着许多感觉小体，能接受空气中化学分子的刺激，从而感知周围的一切。每年的4月是蛇蜕皮的季节。它们主要以鼠、蛙、昆虫等为食。

蛇身体细长，体表覆盖有鳞片。上下颌长满牙齿，牙齿向后生，利于吞咽时抓紧猎物。蛇的眼睛上没有活动的眼睑，只有一层透明的薄膜，所以，它的眼睛一直是张着的。在蛇的头部找不到外

蛇

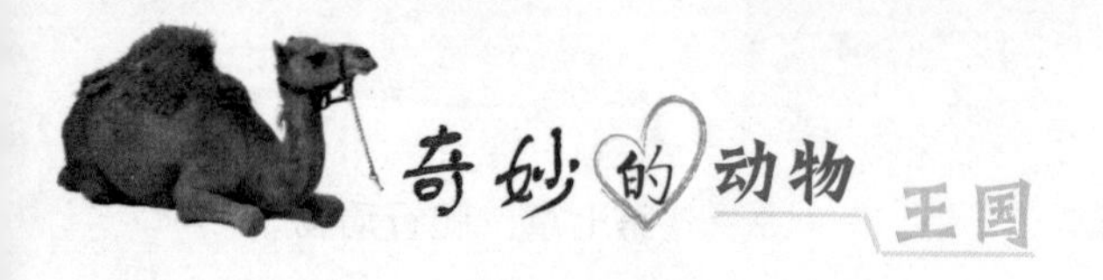

耳孔，可是它有发达的内耳，它虽然听不到从空气中传过来的声音，却能敏锐地接收地面振动传播的声波刺激。蛇的舌头上长着许多感觉小体，能接受空气中化学分子的刺激，从而可以判断它接近的是什么物体。

蛇的视力很差，但它们的嗅觉极好，可以飞快地伸出分叉的舌头，捕捉空气中各种猎物的气味。蛇捕食的方法很多。有些蛇，比如蟒蛇、响尾蛇等有一个叫热坑的感觉器官，可以探明热能，探明温血动物的位置以及与猎物之间的距离等。从而准确出击。有的蛇通过挤压猎物使其死亡而猎食，但多数蛇用牙齿来杀死猎物。毒蛇则能从毒牙中射出毒

蛇

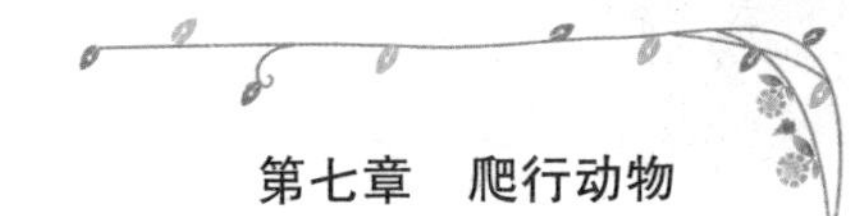

液，使对方晕倒或死亡。

蛇是很多种动物的食物，因此它必须很好地自我保护。常用的方法有躲藏、使自己看起来比实际大、发出嘶嘶声或者干脆装死。一些蛇受攻击时会将尾巴丢弃，另一些则依靠伪装色。有趣的是，一些无毒蛇会模仿毒蛇的皮肤颜色，吓退来犯者。

不同种类的蛇，其繁殖的方式也各不相同。大多数的蛇生蛋繁殖。蛇蛋由一层比较柔软的蛋壳包围着，在胚胎的发育过程中可以透过蛋壳吸取水分。这些蛇蛋被放在一个有着稳定温度、一定湿度的隐蔽之处。蛇蛋通常需要3个月的时间才能孵化出来。还有一些种类的蛇是卵胎生。雌蛇将蛋保存在体内，蛇蛋没有壳，幼蛇出生时就已经完全成形了。

无毒蛇：无毒蛇是至今为止世界上最大的蛇科，包括全世界2500种蛇中的1500种。大多数无毒蛇的长度在50~200厘米之间。这些蛇在形状、颜色和斑纹上各不相同，这主要取决于它们的生活习性和栖息地。无毒蛇有坚固的牙齿，头部多为椭圆形，尾部逐渐变细。它们杀死猎物的方式有两种：一是采用缠绕猎物的方法，使其窒息而亡；另一种是将猎物制服后吞下。

蟒蛇：蟒蛇头小呈黑色，眼背及眼下有一黑斑，喉下黄白色，腹鳞无明显分化。尾短而粗，具有很强的缠绕性和攻击性。广泛分布在澳大利亚、太平洋岛屿、非洲西部及中国的热带和温带地区。以小型哺乳动物、蜥蜴甚至其他蛇类为食。蟒蛇没有毒，它们常以缠绕的方法杀死猎物。其上下颌的弹性惊人，因此蛇口张得很大，能把猎物整个吞下去。所有的蟒蛇都是肉食动物，多吃鸟、哺乳动物和爬行动物，也有一些吃蛋、蜗牛。蟒蛇经常进食，且每次食量都很大。

食蛋蛇：根据常规，蛇一般吃

蟒　蛇

能移动的东西，但食蛋蛇是极少的一个例外，它们吃鸟蛋，而且已经习惯了这种与众不同的食物，以至于它们很少吃其他东西。和其他蛇一样，它们不能咀嚼，因此只好将蛋整个吞下。随着蛋沿着脖子向下移动，食蛋蛇拱起身体，用脊椎上的向下倾斜的脊突，把蛋壳击碎。蛋中的成分就陆续流出，来到食蛋蛇的胃里，而蛋壳碎片会被呕吐出来。

蝰蛇：蝰蛇代表着蛇类进化的最高层次，并且具有一些在其他蛇科动物身上找不到的特征。在它们小小的有铰链的骨骼上连着长长的锯齿，这种锯齿在不用时能够折叠起来。蝰蛇有巨大的毒腺。毒腺使它们的头部呈现出宽阔的三角形。

蝰蛇的毒液通常作用于血液和血管，并引起大出血和细胞组织操作。它们能绝对控制其毒牙的运动，甚至能有选择地每次只竖起一颗毒牙。

眼镜蛇：眼镜蛇科占世界毒蛇的一半以上，很多毒蛇，如眼镜蛇、银环蛇、大攀蛇、虎蛇等都属于这一科。尽管它们在大小、形状和习性方面各不相同，但它们的嘴前部全都有一对固定的有毒锯齿。这一科的蛇大多居住在热带地区，靠吃鸟类、小动物和其他爬虫为生。虽然它们是肉食动物，但它们的牙齿不能将食物撕开，只能先把猎物杀死，再整个吞下去。毒液是眼镜蛇用来毒晕猎物和保护自己的最重要的工具。

眼镜蛇

喙头目

喙头目是爬行纲鳞龙次亚纲的一目。头骨具上、下2个颞孔，脊椎双凹型，肋骨的椎骨段具钩状突；腹部有胶膜肋；肱骨的远端有肱骨孔。在三叠纪种类最多、分布最广，几乎遍及全世界。侏罗纪的正原蜥与现今的喙头蜥相近，1亿多年间，没有太大的区别，显示其为演化速度很慢的动物，因此有活化石之称。

喙头类的外形很像蜥蜴，其差别为有锄骨齿；有发达的胶甲；雄性无交接器；泄殖肛孔横裂；有瞬膜（第三眼睑），当上、下眼睑张开时，瞬膜可自眼内角沿眼球表面向外侧缓慢地移动；头顶有发达的顶眼，具有小的晶状体与视网膜，动物幼年时，可透过上面透明的鳞片（角膜）感受光线的刺激，成年后，由于该处皮肤增厚而作用不显。体被原始的颗粒状鳞片。

喙头蜥

该目唯一现存的种类为喙头蜥，又名楔齿蜥。体长500～800毫米。雄性较雌性大，通身橄榄棕色，背面被以颗粒状鳞片，每一鳞片中央为1小黄色点；背面和腹面皮褶处有大鳞片；背，尾脊部有由较大的三角形鳞片构成的鬣。喙头蜥白昼栖居洞穴内，夜晚活动。在低温下比其他爬行动物活跃。体温可比周围气温低。多栖居在海鸟筑成的地下洞穴中，彼此和睦相处，喙头蜥的主要食物是昆虫或其他蠕虫和软体动物。卵长形，长径约28毫米，白色，硬壳。19世纪以前，喙头蜥主要栖居于兰本岛上。目前仅残存于新西兰北部沿海的少数小岛上，濒临绝灭边缘。

鳄 目

◆ 短吻鳄

短吻鳄属短吻鳄属，和南美洲的凯门鳄属一起构成短吻鳄科。短吻鳄也是一类像蜥蜴而个体大的动物，它们都有强健的尾巴，既可以用来防卫，又可以用来游泳。眼睛、耳朵和鼻孔都长在很长的头顶上。短吻鳄和其他鳄的区别在于短

美洲短吻鳄

扬子鳄

吻鳄的嘴比其他鳄的嘴宽。此外，其他鳄把嘴闭上的时候，下颚两边第4个牙齿会暴露出来。

短吻鳄是肉食类动物，栖息在宽广的水域，如湖泊、沼泽和大河的周围。它们挖掘洞穴，用以逃避危险和冬眠。成年的短吻鳄主要食鱼、小的哺乳动物和鸟类。不过，有时候它们也食鹿和牛。到了繁殖季节，雌短吻鳄用泥土和植物筑起窝来，在里面产下20～70个壳很厚的蛋，并且把它们掩埋好。现存的短吻鳄主要有两种，美洲短吻鳄和中国短吻鳄。

美洲短吻鳄产于美国的东南部。未成年的美洲短吻鳄身体呈黑色，有黄色的条纹。成年以后会逐渐变成褐色。最大的美洲短吻鳄体长可达5米，重700千克，一般在3～4米，重200千克。中国短吻鳄又叫扬子鳄，是我国一级保护动物，产于长江流域。它的外形和美洲短吻鳄差不多，但个体比美洲短吻鳄小，体长一般不超过1.5米。身体呈黑色，有些暗淡的黄色标记。世界自然和自然资源保护联盟把它列为濒危动物。

◆ 长吻鳄

长吻鳄是口鼻部最细长的一种鳄，口中有约100枚尖细的牙齿，牙齿大小不一，雄性嘴尖有个突起。食鱼鳄是大型鳄鱼，体长可达6.54米，1908年曾经捕到过一只超过9米长的。

食鱼鳄分布限于印度、巴基斯坦、孟加拉、缅甸和尼泊尔的宽阔河流中，很少离开水，以鱼为食。食鱼鳄在沙地挖深洞产卵，卵铺成两层，共30～40枚，幼鳄孵出后体

长吻鳄

长就有36厘米，全身布满灰褐色条纹。食鱼鳄虽然受到法律保护，但是野外种群仍然受到各种威胁，处于灭绝的边缘。在印度的养殖场中还有一定数量，在动物园中繁殖纪录很少。

鳄　鱼

第八章 鸟类动物

在自然界，鸟是所有脊椎动物中外形最美丽，声音最悦耳，深受人们喜爱的一种动物。从冰天雪地的两极，到世界屋脊，从波涛汹涌的海洋，到茂密的丛林，从寸草不生的沙漠，到人烟稠密的城市，几乎都有鸟类的踪迹。鸟是一类适应在空中飞行的高等脊椎动物,是由爬行动物的一支进化来的。

鸟是新陈代谢很旺盛的动物，也是世界上唯一长有羽毛的动物。它们的骨骼很轻，结构精巧而完善。它们能保持高而恒定的体温（37℃~44.6℃），减少了对环境的依赖性。它们具有快速飞行的能力，能主动迁徙以适应多变的环境。它们具有发达的神经系统和感官，能更好地协调体内外环境的统一。它们具有筑巢、孵化、育雏等较为完善的繁殖方式，从而保证了后代较高的成活率。

大多数鸟类都会飞行，少数平胸类鸟不会飞，特别是生活在岛上的鸟，基本上也失去了飞行的能力。不能飞的鸟包括企鹅、鸵鸟、几维（一种新西兰产的无翼鸟）、以及绝种的渡渡鸟。当人类或其他的哺乳动物侵入到他们的栖息地时，这些不能飞的鸟类将更容易遭受灭绝，例如大的海雀，和新西兰的恐鸟。这一章，我们将为大家详细介绍脊椎动物中外形最美丽，声音最悦耳的动物——鸟。

游　禽

游禽是对喜欢在水中取食和栖息的鸟类的总称。游禽种类繁多，包括雁、鸭类、欧类等。游禽常选择有湖泊的地方休息，善于游泳和潜水。它们的嘴大多宽阔而扁平，适于捕食鱼、虾等食物。其繁殖的窝成平盘状，可浮在水面上。飞行时，它们的脚通常向身体的后方伸，飞翔速度很快。天鹅、雁、野鸭等换羽时，常是飞羽同时脱落，且连续几周都不能飞行。这是它们最易受到伤害的时候。

天　鹅

◆ 天　鹅

天鹅属雁形目，鸭科，小天鹅是其中最常见的一种。天鹅体态优雅娴静，尤其是美丽修长的脖颈，纯洁无暇的身躯，给人一种庄严感、神圣感。天鹅为雌雄双栖，形影不离，若其伴侣被击杀，另一只天鹅常常是单身独居而不再婚配。天鹅受惊起飞时，需要加快双脚划水和用翅膀急速拍水，等游出一段距离后，才鼓动双翼不慌不忙地腾空飞向天际。天鹅属候鸟，冬天会向南迁徙。

澳大利亚黑天鹅是世界上惟一的一种全黑的天鹅，只有它们的翅膀尖是白色的。黑天鹅非常乐于群居，经常上千只结群栖息在浅滩地。不论在水中还是陆地上，它们经常把一只脚蜷到背上。黑天鹅不仅美丽，声音也很嘹亮，在很远的地方都可以听见它的叫声。

◆ 信天翁

信天翁体形粗胖，嘴较长而侧扁，前端向下弯曲成钩状，比较锐利。其颈部较长，翅膀较发达，长而窄，尾羽较短脚位于身体的后部，飞行时向后仰，紧贴于尾羽的两侧。全世界信天翁科鸟类共有2属13种，我国有1属2种。由于太平洋岛屿的多次大规模火山爆发以及人们为了获取商业用的信天翁羽毛而进行的过度猎捕，致使其种群数量日趋下降，世界上仅残存700多只，几近灭绝。

◆ 军舰鸟

军舰鸟是一种大型热带海鸟，它最突出的特征是雄鸟膨起时大如人头的红色喉囊。军舰鸟虽然能够自己捕食，但它们却更多地采用强抢的方法，在空中劫掠其他鸟类，特别是红脚鲣鸟所捕获的鱼类。军

信天翁

舰鸟因这种强盗行为，而被人称为“飞行海盗”。

涉　禽

涉禽是指那些适应在沼泽和水边生活的鸟类。它们的外形常具有“三长”特征，即腿长、颈长、嘴长，适于涉水行走，不适合游泳，休息时常一只脚站立。涉禽大部分是从水底、污泥中或地面获得食物。鹭、鹳和鹬等鸟都属于这一类。

有一些鸟类，它们一生中的大部分时间在浅水或者海岸边度过，在浅滩地带涉水前进，搜寻水中充足的食物，例如蜗牛、蠕虫和虾。

这些鸟都属涉禽类。所有的涉禽都有细长的腿便于在水边行走，长长的颈和喙能够敏捷地捕捉水中的食物。在摄食的时候，先把喙插到水下的软泥中，然后把食物扯出来。

◆ 白　鹳

白鹳全身大多为白色，只有两只翅膀的尖端呈黑色，并带有金属光泽。白鹳分布在欧亚大陆的北部，是德国国鸟。它们虽然不是德国的特产鸟类，但是德国人十分喜欢这种鸟。因为它们体态优雅、羽色清丽、性情温和，又容易驯养，所以德国政府根据民众的要求，把白鹳定为国鸟。

◆ 丹顶鹤

丹顶鹤是全世界最大的珍稀鹤类，栖息于广阔的河滩沼泽地带。飞行能力卓越，迁徙路线和觅食地点通常固定不变。丹顶鹤是一雄一

白　鹳

雌制，配偶可维持终身。在进入交配期之前，雄鹤便将跟随的幼鹤驱逐，让它去单独活动或与其他幼鹤结群。交配期间，雌雄不断翩翩起舞，或引颈高鸣，可远及两千米之外。

丹顶鹤

动物大世界

企鹅的祖先

企鹅的祖先是什么样的，它们会不会飞行？目前，很多证据显示，企鹅似乎从祖先开始就不会飞行。

1887年，孟兹比尔提出过一个理论，认为企鹅有可能是独立于其他鸟类，单独从爬行类演变进化而来。企鹅的鳍翅不是鸟类的翅膀变异形成的，而是由爬行类的前肢直接进化形成的，企鹅根本没有经历过飞翔阶段。后来，科学家们在南极发现了一种类似企鹅的动物化石，它高约1米、体重有9千克，具有两栖动物的特征。这个发现似乎印证了孟兹比尔的猜测。1981年，日本也发现了一种类似企鹅的海鸟化石。专家认为，这是一种距今3000万年、不会飞的原始企鹅的化石，或许它就是现代企鹅的史前祖先。

近年，鸟类学家在研究了北半球的海鸦化石的构造之后提出，距今3000万年前美洲沿岸生活的一种海鸦可能与企鹅的起源关系密切。这种已灭绝了的海鸦也是一种不会飞行的海鸟。科学家们认为，尽管企鹅与海鸦，一个生活在南半球，一个生活在北半球，但它们骨骼形体却有许多相似之处，不能非亲非故吧？

从以上证据来看，企鹅的祖先就是一种不能飞翔的动物。但是，有些动物学家对此持不同看法。他们依据多年积累的研究资料，断言企鹅

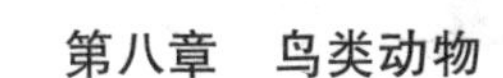

的祖先应该是会飞行的。因为从现代企鹅的身体结构上依然能找到它们会飞翔的远祖遗留给后代的烙印。

陆　禽

陆禽是对在地面上生活的鸟类的总称。这些鸟一般体格健壮，翅膀尖为圆形，不适于远距离飞行。它们的嘴短钝而坚硬，腿和脚强壮而有力，爪为钩状，很适于在陆地上奔走及种子等为食，大多数用一

松　鸡

些草、树叶、羽毛、石块等材料在地面筑巢，巢比较简单。雉类、鹑类和鸠鸽类都属于陆禽。

◆ **普通松鸡**

普通松鸡的雄鸟头顶、背、胸为金属翠绿色羽毛，羽冠为紫红色；尾羽较长，且有黑白相同的云状斑纹。雌鸟上体及尾大部分为棕褐色，缀满黑斑。这种鸟多活动在多岩的荒芜山地、灌木丛及矮竹间，以农作物、草籽等为食，兼食昆虫。每年4月下旬，普通松鸡开始繁殖。它们将巢筑在人和动物罕至的倒掉树木的枯枝下或巨岩缝隙里，非常隐蔽。普通松鸡在世界上的分布范围很广，在我国主要见于内蒙古西北部和新疆北部。

◆ **灰林鸠**

灰林鸠身长约41厘米，分布在欧洲及南亚一带，主要活动于森林里，在公园、庭院等地也可见到。灰林鸠的食物大多是植物的种子、树芽、谷子、果实等。由于一大群集体的活动，有时它们会把田里的作物都吃光，造成很大的损失。灰林鸠也有精彩的求偶表演。求偶时，雄鸟先由树上振翅上飞到某一高度后，再滑翔而下，之后对雌鸟鸣叫，并反复行礼。

◆ **维多利亚皇鸽**

维多利亚皇鸽是鸽族中最大的成员之一。它们的色彩艳丽而又稀有，在扇形的冠上带有一些镶着蕾丝花边的羽毛。维多利亚皇鸽栖息在热带雨林中，以地上的甲虫、蚯蚓、蜗牛和掉落到地面的果实为食。和大多数家鸽一样，维多利亚皇鸽成为人类狩猎的对象，数量正在急剧减少。

◆ **家　鸽**

家鸽身体矮壮，头小，行走时头部总要前后摆动。家鸽大多是素

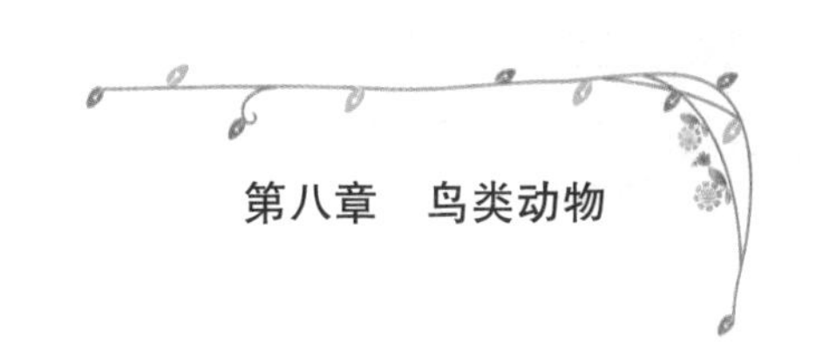

食者，以植物的叶子、种子和水果为食。它们都是能力超强的飞行家。一发现危险，就会快速拍打翅膀，飞向空中。家鸽通常在树上、岩石上或地上，用木棒和小树枝做成不结实的巢。它们还有一个不同寻常的特征，那就是用从喉咙里产生的一种流质食物来喂养子女。

◆ 孔　雀

孔雀是世界上著名的观赏鸟。雄孔雀羽毛大致为翠蓝及翠绿色，

鸽　子

具有鲜明的金属光泽：其脸部裸露发蓝，头部翠绿色冠羽竖起。雌鸟一般无长尾，色彩也不及雄鸟艳丽。雄鸟的羽毛移动时，羽毛上闪亮的“眼睛”会随着位置的变化而改变颜色。孔雀不善飞行，遇到危险时，则利用它们那强健的双脚急速逃走。世界上的孔雀主要有蓝孔雀、刚果孔雀和中国的绿孔雀。

蓝孔雀的体羽主要是有金属光泽的蓝绿色。绿孔雀的长尾与蓝孔雀相似，体羽绿色和铜色相间。两个种的雌鸟的体羽呈绿和褐色相间，体大小几如雄鸟，但无长尾屏，也无冠羽。孔雀栖息于开阔低地的森林中，白天结群，夜间栖于高树上。于生殖季节每只雄孔雀拥有2～5只雌孔雀。每只雌鸟产4～8枚微白色卵，产于地面洼处。

刚果孔雀是非洲唯一的大型雉科鸟类，雄鸟的体羽主要为蓝和绿色相间，尾短而圆；雌鸟体羽淡红

孔　雀

和绿色相间，冠羽褐色。

孔雀作为观赏鸟类，是世界上许多动物园的主要展出动物，在旧大陆早已名声四播。但因绿孔雀具攻击性，故必须与其他鸟类分开饲养。蓝孔雀虽原产湿热地区，但也能在北方冬季生存；绿孔雀则经受不了太冷的气候。

攀　禽

吃鱼的翠鸟，吃毛虫的杜鹃，学人说话的鹦鹉以及雨燕、戴胜、夜鹰、蜂鸟等都属于攀禽。它们大多数都生活在树林中，能凭借强健的脚趾和紧韧的尾羽，使身体牢牢地贴在树干上。因为它们的趾几乎是等长的，其中两趾在前，另两趾在后，这样使它们能紧紧地攀附在树枝上。攀禽中食虫益鸟比较多，如啄木鸟、杜鹃等。许多攀禽体色艳丽，长期以来就是观赏鸟。

◆ “布谷鸟”杜鹃

杜鹃别名“布谷鸟”，是攀禽中的一大类。这类鸟在世界上分布广泛，大约有1500多个种，绝大多数为树栖型。杜鹃不喜结群，甚至在繁殖季节也不会像别的鸟类那样成双成对的出现，交配毫无固定对象可言，甚至可能多次与不同的对象交配。杜鹃多穿梭于林间地带，特别是在松树林中，捕食各种危害松树的毛虫。它们中的大多数不营巢，不孵雏，只利用其他鸟类喂养，抚育子女。

◆ 世界上最小的鸟——蜂鸟

蜂鸟是世界上最小的鸟类，从

杜　鹃

喙到尾只有约5厘米，大小和蜜蜂差不多。它们披着一身艳丽的羽毛，有的还长着一条随风飞舞的长尾巴。它们的嘴巴又细又长，像一根管子，能伸到花朵里面去吸取花蜜，飞行时能发出"嗡嗡"的似蜜蜂般的响声，因而被称为蜂鸟。蜂鸟是飞行高手。它们每秒钟可以拍动翅膀20~200次，身体可以向上、向下甚至向后灵活地运动。

◆ **鹦　鹉**

鹦鹉是典型的攀禽，对趾型足，两趾向前两趾向后，适合抓握，鹦鹉的鸟喙强劲有力，可以食用硬壳果。鹦鹉主要是热带，亚热带森林中羽色鲜艳的食果鸟类。

鹦鹉中体形最大的当属紫蓝金刚鹦鹉，身长可达100厘米，分布在南美的玻利维亚和巴西。虽然在某些地区常见，但人们为盈利而大量诱捕，已使它们面临严重威胁。

鹦　鹉

最小的是生活在马来半岛、苏门答腊、婆罗洲一带的蓝冠短尾鹦鹉，身长仅有12厘米，这些小精灵携带巢材的方式很特别，不是用那弯而有力的喙，而是将巢材塞进很短的尾羽中，同类的其他的情侣鹦鹉，也是用这种方式携材筑巢的。

鹦鹉是世界上最华丽、最会鸣叫的鸟类。世界上共有330多种鹦鹉，几乎全部生活在热带和亚热带雨林中。它们的羽毛艳丽多彩，有红色、白色、绿色、黄色等各种色彩。它们的嘴壳像把钳子，能咬碎坚硬的果壳。鹦鹉喜欢成群地生活，觅食植物的种子、果实、嫩叶等。

◆ **啄木鸟**

啄木鸟以在树皮中探寻昆虫和在大枯木中凿洞为巢而著称。它们的双脚稍短，两趾向前，两趾向后，且有弯曲锐利的爪，能牢牢地抓住树干。啄木鸟的尾羽坚硬而有弹性，沿树干攀缘时，尾巴起着支撑身体的作用。它们的嘴强直尖锐，像凿子一样。舌头比其他鸟的舌头长5倍，顶端长有钩状的刺。所有这一切特别的构造，都是为了使它们能够竖立在树干上，啄食树木中的害虫。

动物大世界

啄木鸟的防震装置

啄木鸟一天大约可发出500~600次啄木声，啄击速度达到每秒500多米，甚至比子弹出膛时的速度还快。它们之所以能承受如此大的冲击

力，是因为它们的头部有一套非常严密的防震装置。它们的头颅异常坚硬，但骨质疏松，又充满了气体，就像海绵一样；头部两侧还有强有力的肌肉系统。这些结构都能减弱震波的传导。所以，啄木鸟在啄木时不会发生脑震荡。

啄木鸟

猛 禽

猛禽一般体形较大，性格凶猛，具有适应捕猎生活的特征，如锐利的脚爪的喙，敏锐的视觉，强大有力的翅膀。猛禽主要包括鹰、雕、鹞等。它们一般在白天活动，多停留在树上或岩崖等处，伺机捕食。猛禽的巢常筑在高大的树上或岩洞中。绝大多数猛禽以鼠类等为主食，是灭鼠能手。

苍 鹰

◆ **苍　鹰**

苍鹰，俗称“鸡鹰”或“黄鹰”，是一种生活在北美及欧亚大陆的中型猛禽。其体长一般50厘米左右，雌性体形略大。苍鹰上体苍灰色，眼上方有白色眉纹，肩羽和尾上覆羽有灰白色横斑，飞羽及尾羽上有暗褐色横斑；下体胸、腹及覆腿羽均有黑褐色横斑。苍鹰有雌雄成对生活的习性。它们在高树上筑巢，以松枝搭成皿形巢。雄鸟担当寻找食物的职责，而雌鸟只负责孵卵。苍鹰是民间训鹰的主要对象，其幼鸟常被驯养为猎鹰。

◆ **雀　鹰**

雀鹰为中等体型（雄鸟32厘米，雌鸟38厘米）而翼短的鹰，体重130～300克。上体呈苍灰色，头顶及后颈部为乌灰色，颏和喉部为白色，虹膜为橙黄色，嘴为暗铅灰色，尖端黑色，基部黄绿色，蜡膜为黄色或黄绿色，脚和趾橙黄色，爪黑色。幼鸟胸腹部具三角形或椭圆形黄褐色斑纹。

雀鹰喜欢从栖处或“伏击”飞行中捕食。它的的飞行能力很强，速度极快，每小时可达数百千米。飞行有力而灵巧，能巧妙地在树丛之间穿梭飞翔。通常快速鼓动两翅飞翔一阵后，接着又滑翔一会。雀鹰主要以鸟、昆虫和鼠类等为食，也捕鸠鸽类和鹑鸡类等体形稍大的鸟类和野兔、蛇等。

雀鹰常单独生活，繁殖于古北界；候鸟迁至非洲、印度、东南亚。在中国主要分布于西部的新疆、青海、四川、西藏、云南等省区和东北地区，冬季南迁至黄河以南的广大区域。

◆ **秃　鹫**

秃鹫，别名“座山雕”，体形大，全长约110厘米，体重7~11千克，是高原上体格最大的猛禽，它张开两只翅膀后整个身体大约有2

秃鹫

米多长，0.6米宽。成年秃鹫头部为褐色绒羽，后头羽色稍淡，颈裸出，呈铅蓝色，皱领白褐色。上体暗褐色，翼上覆羽亦为暗褐色，初级飞羽黑色，尾羽黑褐色。下体暗褐色，胸前具绒羽，两侧具矛状长羽，胸、腹具淡色纵纹，尾下覆衬白色，覆腿黑褐色。秃鹫虹膜褐色，嘴端黑褐色，腊膜铅蓝色，跗跖和趾灰色，爪黑色。由于食尸的需要，它那带钩的嘴变得十分厉害，可以轻而易举地啄破和撕开坚韧的牛皮，拖出沉重的内脏；裸露的头能非常方便地伸进尸体的腹腔；秃俊脖子的基部长了一圈比较长的羽毛，它像人的餐巾一样，可以防止食尸时弄脏身上的羽毛。

◆ 兀　鹫

体大（100厘米）的褐色鹫。颈基部具松软的近白色翎颌，头及颈黄白。兀鹫具褐色翎颌。甚似高山兀鹫，区别在于飞行时上体黄褐而非浅土黄色，胸部浅色羽轴纹较细。与秃鹫的区别在下体浅色，且尾呈平形或圆形而非楔形。分布范围：南欧、北非、中亚、阿富汗、巴基斯坦、尼泊尔、喜马拉雅山脉及印度北部。

高山兀鹫

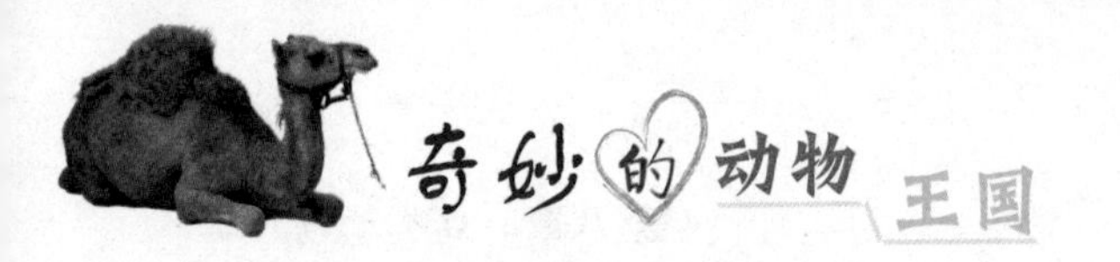

凭借长而宽大的翅膀，兀鹫能够在天空翱翔几个小时，搜寻地面上的动物尸体。兀鹫没有有力的足和锋利的爪。它们借助热空气在天空盘旋或者栖息在树枝上。它们依靠灵敏的嗅觉来找寻腐烂的动物尸体，并常常为抢一块肉而争个不停。在身体强壮、喙部锋利的兀鹫撕开动物遗骸的表皮之前，体形较小、喙部力量微小的兀鹫只能干等着。

◆ **黑翅鸢**

黑翅鸢成鸟体长315～345毫米。前额灰白，眼先须羽和眼上的狭窄眉纹黑色；头顶、后颈、背部、尾上覆羽和中央尾羽表面，初级覆羽，大覆羽和次级飞羽皆为烟灰色，初级飞羽亦烟灰而尖端缀灰褐色，翅上小覆羽黑亮而成黑斑；尾下覆羽、体下、腋下、翅下覆羽均白色。雌雄鸟相似。幼鸟头顶棕色，上体棕褐，皆具白色羽缘；颊和喉白色。虹膜朱红色，幼鸟呈黄或黄褐色；嘴黑色，蜡膜及嘴角亮黄色；趾深黄，爪黑色。分布范围：非洲、欧亚大陆南部、印度、中国南部、菲律宾及印度尼西亚至新几内亚。

黑翅鸢3～4月间繁殖，营巢于平原或山地丘陵地区的树上或较高的灌木上。巢较松散而简陋，主要由枯树枝构成，内而有时放有细草根和草茎，或者根本没有任何内垫物。每窝产卵3～5枚，每隔2～3天产1枚。卵的颜色为白色或淡黄色，具深红色或红褐色斑点。孵卵由雄鸟和雌鸟轮流承担，孵化期为25～28天。雏鸟孵出后由亲鸟共同喂养30～35天后，即可离巢飞翔。

◆ **白头海雕**

白头海雕又名美洲雕，是北美洲所特有的一种大型猛禽。成年海雕的体长可达1米，翼展可达2米，眼、嘴和脚均为淡黄色，头、颈和尾部的羽毛为白色，身体其他部位的羽毛为暗褐色，十分雄壮美丽。白头海雕日间捕食，常成对出猎，凭其异常敏锐的视力，即使在高空中飞翔，亦能洞察地面、水中和树上的一切猎物。白头海雕以鱼类为主食，所以常栖息于河流、湖泊或海洋的沿岸。

白头海雕

动物大世界

美国国鸟

1782年6月20日，美国国会通过决议，选定白头海雕为美国国鸟。今天，无论是美国的国徽，还是么过军队的军服上，都描绘着一只白头海雕，它一只脚抓着橄榄枝，另一只脚抓着箭，象征着和平与强大。作为美国国鸟，白头海雕受到了法律保护。1982年，里根总统宣布：每年的6约20日为白头海雕日，以唤起全国民众的关注。这足以说明其受重视程度了。

鸣　禽

鸣禽约占世界鸟类的五分之三。鸣禽的外形和大小差异较大，小的如柳莺、山雀，大的如乌鸦、喜鹊。它们大都有发达的鸣管，在繁殖季节里鸣声最为婉转和响亮。在大多数种类中，一般雄鸟是主要的鸣叫者。许多鸣禽的嘴都很小，适合吃昆虫和种子等。但也有一些鸟，如伯劳，则以小动物为食。鸣禽的巢结构都相当精巧，如云雀、百灵的皿状巢，柳莺、麻雀的球状巢。

◆ 伯　劳

伯劳鸟主要指伯劳科，尤其是伯劳属的许多种鸣禽。它们共同特点是嘴尖上有钩，以捕食昆虫为主。一些体型较大的昆虫、蜥蜴、老鼠，都是它们捕捉的对象。抓到的食物常被它们钉在荆棘上，故又有“屠夫鸟”之称。羽毛一般是灰色或淡褐色，翅膀和尾为黑色并带有白色的斑。

加拿大和美国出产的大灰伯劳，又叫北方伯劳，是伯劳鸟中分布最广的一种。体长24厘米，体毛呈黑色。笨伯劳是新大陆出产的另一种伯劳鸟。外貌与大灰伯劳相似，介体型较小一些。产于欧洲的

伯　劳

几种伯劳鸟多为红色或褐色。

◆ 喜　鹊

喜鹊的体形特点是头、颈、背至尾均为黑色，并自前往后分别呈现紫色、绿蓝色、绿色等光泽。双翅黑色而在翼肩有一大形白斑。尾远较翅长，呈楔形；嘴、腿、脚纯黑色。腹面以胸为界，前黑后白。体长435～460毫米。雌雄羽色相似。幼鸟羽色似成鸟，但黑羽部分染有褐色，金属光泽也不显著。

喜鹊是很有人缘的鸟类之一,喜欢把巢筑在民宅旁的大树上,在居民点附近活动。巢呈球状,由雌雄共同筑造,以枯枝编成，内壁填以厚层泥土，内衬草叶、棉絮、兽毛、羽毛等。除秋季结成小群外，全年大多

喜　鹊

成对生活。鸣声宏亮。杂食性，在旷野和田间觅食,繁殖期捕食蝗虫、蝼蛄、地老虎、金龟甲、蛾类幼虫以及蛙类等小型动物，也盗食其他鸟类的卵和雏鸟，也吃瓜果、谷物、植物种子等。喜鹊为多年性配偶。每窝产卵5～8枚。卵淡褐色，布褐色、灰褐色斑点。雌鸟孵卵，孵化期18天左右。雏鸟为晚成性，双亲饲喂 1个月左右方能离巢。小叫声为响亮粗哑的嘎嘎声。它们的分布地区很广泛，除南极洲以外，各大洲都可看到它们的身影。

◆ 乌　鸦

乌鸦嘴大而直,全身羽毛黑色,翼有绿光,多群居在树林中或田野间,以谷物、果实、昆虫为食物。乌鸦为杂食性，吃谷物、浆果、昆虫、腐肉及其他鸟类的蛋。虽有助

乌　鸦

于防治经济害虫，但因残害作物，故仍为农人捕杀的对象。主要在地上觅食，步态稳重。喜群栖，有时数万只成群，但多数种类不集群营巢。每对配偶通常各自将巢筑于树的高枝上，产5或6个带深斑点的浅绿至黄绿色蛋。野生的乌鸦可活13年，而豢养者寿命可达20多年。某些供玩赏的笼养乌鸦会“说话”，有的实验室饲养的乌鸦能学会计数到3或4,并能在盒内找到带记号的食物。

在古代巫书的记载中，乌鸦和黑猫一样，常常是死亡、恐惧和厄运的代名词，乌鸦的啼叫被成为是凶兆、不祥之兆，人们认为乌鸦的叫唤，会带走人的性命、抽走人的灵魂，因此乌鸦被人们所讨厌，认为是大不详之鸟。

◆ 百　灵

百灵体长约19厘米。上体栗褐，下体白色，头和尾基部呈栗色，翅黑而具白斑，胸部具不连贯的黑色横带。栖息于广阔草原上，高飞时直冲入云，如云雀一般，在地面亦善奔驰，常站高土岗或沙丘上鸣啭不休，在阳光充足的正午，则边砂浴边鸣叫。食物主要是杂草和其他野生植物的种子，兼食部分昆虫，象蝗虫、蚱蜢等。冬季天气酷冷时，常大群短距离南迁至河北省北部。巢由草根、细茎等盘成，常在地面凹处或草丛间，表面多有杂草掩蔽。5～6月间产卵，卵白色或黄白色，表面光滑具褐色细斑。

◆ 黄　鹂

黄鹂别名黄莺、黄鸟，其体形较小，嘴较粗，与头等长，尖端呈短钩状。黄鹂羽色艳丽，有黄、红、黑、白诸色，雌雄相似。它们单独或小群栖息在丘陵及平原的疏林大树间，生性羞怯隐蔽，主要在树上觅食昆虫、浆果。每年4月，黄鹂迁至江南，常在清晨觅食鸣

黄　鹂

唱，鸣声复杂多变。雄鸟在繁殖期鸣声清脆悦耳。雌雄共同以树皮、麻类纤维、草茎等在水平枝杈间编成吊篮状悬巢。每窝产卵4枚。卵粉红色，杂以稀疏的紫色和玫瑰色斑点，卵壳有光泽。雌鸟孵卵。黄鹂飞行迅速，古代就有人以“金梭”来比喻它们的飞行速度。

第九章

哺乳动物

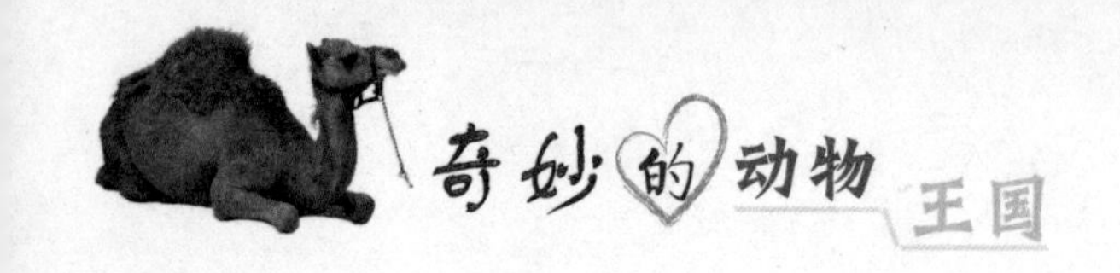

哺乳动物通称“兽类”，是脊椎动物中躯体结构、功能行为最为复杂的最高级动物类群。哺乳动物是一种恒温、脊椎动物，身体有毛发，大部分都是胎生，并藉由乳腺哺育后代。哺乳动物是动物发展史上最高级的阶段，也是与人类关系最密切的一个类群。哺乳和胎生是哺乳动物最显著的特征。

哺乳动物种类繁多，分布广泛，主要按外型、头骨、牙齿、附肢和生育方式等来划分，习惯上分三个亚纲：原兽亚纲、后兽亚纲、真兽亚纲，现存约28个目4000多种。原兽亚纲包括已绝灭的中生代哺乳动物和现在的单孔目。单孔目中有针鼹和鸭嘴兽，产于澳大利亚、塔斯马尼亚和新几内亚，现存只有1目2科3属6种。后兽亚纲除中生代祖兽、阴兽次亚纲外，还有后兽次亚纲，包括各种有袋类，产于南、北美洲、澳大利亚及其邻近岛屿，共1目9科81属约250种；真兽次亚纲，包括各种有胎盘类，广布世界各地。除已绝灭的目外，共17目112科约958属3981种。

除南极、北极中心和个别岛屿外，哺乳动物几乎遍布全球，现存19目123科1042属4237种。中国有11目，都是有胎盘类。中国北方属古北界，哺乳纲的代表科有鼠兔科、河狸科、蹶鼠科、跳鼠科、睡鼠科，南方属东洋界，代表科有长臂猿科、懒猴科、大熊猫科、灵猫科、鼷鹿科、穿山甲科、狐蝠科、象科、猪尾鼠科、竹鼠科等。在这一章里，我们就来一起走进哺乳动物的世界！

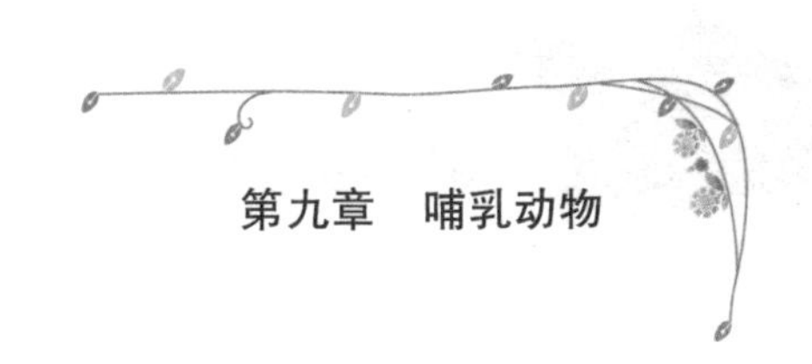

原兽亚纲

单孔目哺乳动物

◆ 鸭嘴兽

在澳大利亚的单孔类哺乳动物中，最奇特的要数鸭嘴兽。所谓单孔类动物，是指处于爬虫类动物与哺乳类动物中间的一种动物。它虽比爬虫类动物进步，但尚未进化到哺乳类动物。两者相同之处在于都用肺呼吸，身上长毛，且是热血；而单孔类动物又以产卵方式繁殖，因此保留了爬虫类动物的

鸭嘴兽

重要特性。

鸭嘴兽主要分布在澳大利亚、塔斯马尼亚到。它们的外形既像哺乳动物，又像鸟类，体长不超过65厘米（包括尾巴）。它们长着柔软的棕色皮毛，前后肢有蹼，嘴扁平如鸭子。鸭嘴兽生活在河流和湖泊中，它们用嘴掘土来寻找昆虫、甲壳类动物和其他小动物为食。在繁殖季节，雌鸭嘴兽会挖掘一条长长的地洞，在里面产下两三枚卵，之后进行孵化。雄鸭嘴兽的后肢上有毒刺，内存毒汁，喷出可伤人，几乎与蛇毒相近，人若受毒刺刺伤，即引起剧痛，以至数月才能恢复。这是它的“护身符”,雌性鸭嘴兽出生时也有毒距，但在长到30厘米时就消失了。

◆ 针　鼹

针鼹是现存最原始的哺乳动物之一，生活在澳大利亚各地，寒冷

针　鼹

时会冬眠。它的体温恒定。针鼹身上有坚硬的刺，口中无牙，外表象刺猬，针鼹有呈管状的长嘴，鼻孔开在嘴边，舌长并带粘液，以取食白蚁和蚁类等；四肢坚强，各趾有强大的钩爪，爪长而锐利，可以用来掘土和挖掘蚁巢。

针鼹身上短小而锋利的棘刺是它的护身符但，这些刺并没有牢牢地长在身上。当遇到敌害时，针鼹会蜷缩成球或钻进松散的泥土中迅速消失，或把有倒钩的刺像箭一样飞速射向敌害体内。针鼹能以惊人速度掘土为穴将自身埋在土中。

针鼹到了繁殖时期，雌兽腹部长出象袋鼠一样的育儿袋，产卵后，用嘴将卵衔入育儿袋中孵化。卵内只有蛋黄，没有蛋白。小兽出世后，留在袋囊中从母亲的毛束下舐吸滴落下来的乳汁。经过50天左右，小兽长大，离开母体，育儿袋也就自然消失了。目前针鼹已是濒临绝种的动物。

◆ 鼩负鼠目哺乳动物

鼩负鼠目为哺乳纲的一个目，只有鼩负鼠科一科，包括鼩负鼠属、秘鲁鼩负鼠属、智利袋鼠属，现存只有6种。

◆ 智鲁负鼠目

智鲁负鼠目，又名小负鼠目，是有袋下纲下的一个目，其下只有微兽科。这个目下的大部份物种都已经灭绝，只剩下南猊。

现时已知最古老的微兽目成员是Khasia cordillerensis，其化石是在玻利维亚的古新世地层发现。另外亦有几个属是从南美洲古近纪及新近纪的地层发现。在南极洲西部的西摩岛上发现的大量始新世中期化石牙齿，有可能都是属于微兽目的。亦有报告指在澳大利亚西北部发现了属于始新世早期的微兽目化石，但并未描述。若它们真的属于，则可以提供重要的演化及生物地理学资料。

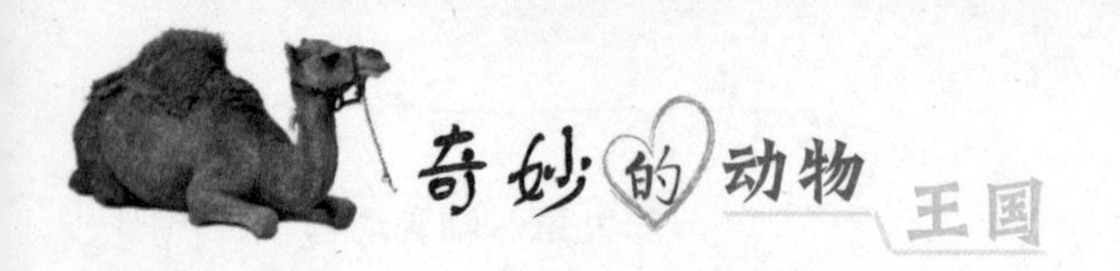

微兽目最初被认为是属于负鼠目，但是解剖学及遗传学的研究结果显示它们是自成一目的，且与澳大利亚的有袋类接近。而微兽目与澳大利亚的有袋类亦组成了澳大利亚有袋类。

后兽亚纲

后兽亚纲是哺乳纲的一个亚纲。又称有袋亚纲。在进化上为界于卵生的单孔类和高等的有胎盘类之间的哺乳动物。其特点是：胎生，但大多数无真正的胎盘，母兽具特殊的育儿袋。发育不完全的幼仔生下后在育儿袋内继续完成发育。乳腺具乳头，乳头就开口在育儿袋内。骨骼已接近于有胎盘哺乳类，肩带中乌喙骨、前乌喙骨、间锁骨均已退化。腰带上具上耻骨（袋骨），用以支持育儿袋。大脑半球体积小，无沟回，也没有胼胝体。体温接近于恒温，在33～35℃之间波动。雌性具子宫、双阴道。与此相应，雄性阴茎的末端也分两叉，交配时每一分叉进入一个阴道。雄性体外具阴囊。

本亚纲动物主要分布于澳洲及其附近的岛屿上，少数种类分布在南美和中美，仅一种分布在北美。现存的只有一个目，即有袋目。有袋目的分布特别值得注意，化石材料证明，在新生代初期它们是广泛分布于全球的，后由于澳洲和其他大陆隔离，其他大陆上发展起来的高等有胎盘类未能侵入，这些有袋类由于没有竞争者就大量发展起来，并且适应各种不同条件而辐射发展了和大陆上有胎盘类趋同的众多种类。例如以肉为食的袋狼、袋獾；草食的袋鼠；食虫的袋鼹等。

◆ 袋　鼠

袋鼠是一种十分有趣的动物，在距今2500万年前就已经出现在澳大利亚，是世界上最古老的动物之一。澳大利亚的红土草原是袋鼠的天堂。这些看似温文尔雅、实则强悍好斗的动物有一条又粗又长的尾巴，在跳跃时尾巴能维持身体平衡，站立时可以支撑着身体。而袋鼠跳跃的高度可达3米以上，奔跑的速度更达每小时65千米。白天，袋鼠通常都在树荫下休息，到了夜晚凉爽时才出来觅食。

袋　鼠

◆ 大赤袋鼠

大赤袋鼠是现存体形最大的有袋动物，体长一般80～160厘米，体重23～70千克，而且它们能终生生长，因而有些会长得很大很重。有些雄性身高可达1.8米。大赤袋鼠平时比较安静、温顺，但在遇敌无退路时也会用后足猛踢对方。它们的后足强劲有力，可以一下子使人致命。雄性在争斗打架时，动作如同人在进行拳击运动。大赤袋鼠非常善于跳跃，在缓慢行进时，每一跳约1.2～1.9米；但在奔跑时，每一跳可达9米以上。

◆ 灰袋鼠

灰袋鼠身体为灰色，口鼻部有许多毛须，主要分布在澳大利亚东部、塔斯马尼亚岛，生活在干燥、开阔的地区。它们以吃草为主，对水的需求不大。白天，灰袋鼠在树阴下休息，黄昏的时候才去觅食直到清

袋　鼠

晨。大灰袋鼠全年皆可繁殖，只要食物充足，它们就开始繁殖，夏天通常是小袋鼠出生的高峰期。

◆ 袋　狼

袋狼，又名塔斯马尼亚虎，属于有袋类，和袋鼠一样，母体有育儿袋，产不成熟的幼仔，并且为夜行性。袋狼曾广泛分布于澳洲大陆及附近岛屿上。5千年前，澳洲野犬随人类进入澳大利亚，与食性相同的袋狼发生争斗，袋狼随后从新几内亚和澳大利亚草原渐渐消失，仅在大洋洲的塔斯马尼亚岛上还有生存。

袋狼体形似狗，头似狼。肩高600毫米，体长100～130厘米，尾长50～65厘米。毛色土灰或黄棕色，背部生有14～18条黑色带状斑。毛发短密并十分坚硬。口裂很

袋　狼

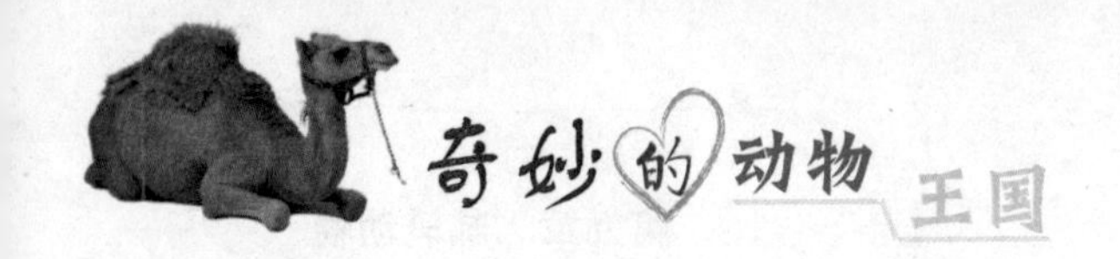

长。前足5趾，后足4趾。腹部有向后开口的育儿袋，袋内有2对乳头。尾巴细而长。从袋狼的头和牙来看，它是一只狼。然而，它的身体又像老虎一样有着条纹。它可以像鬣狗一样用四条腿奔跑。也可以像小袋鼠那样用后腿跳跃行走。

真兽亚纲

真兽亚纲是哺乳纲的一个亚纲，又称有胎盘亚纲。为哺乳类中最高等的类群。主要特征是：胎生，具有真正的胎盘。胚胎在母体子宫内发育时间较长，通过胎盘吸取母体的营养，产出的幼仔发育完全，能自已吮吸乳汁。乳腺发达，具乳头。大脑皮层发达，两大脑半球间有胼胝体相连。体温高而恒定，乳齿与恒齿更换明显。肩带为单一的肩胛骨，乌喙骨退化成为肩胛骨上的乌喙突。不具泄殖腔，肠管单独以肛门开口体外，排泄与生殖管道汇入泄殖窦，以泄殖孔开口体外。

在某些学派中，真兽亚纲是一个比胎盘类更高层级的分类，其中包含胎盘类与某些类似于有袋类的已灭绝动物。不过，所有现存的真兽类都是胎盘哺乳动物。此类包括绝大多数现代生存的哺乳动物，本亚纲的现存的种类有17个目，主要的有食虫目、翼手目、皮翼目、兔形目、啮齿目、食肉目、鳍脚目、海牛目、鲸目、偶蹄目、奇蹄目、长鼻目和灵长目。中国产13个目，约410种。

◆ **啮齿动物**

啮齿类动物共1800多种，是哺乳动物群种类最多的，包括大老鼠、小老鼠、松鼠、豪猪、河狸等。啮齿动物无犬齿，只有上下门齿各一对。它们的门齿很发达，无齿根，但终生生长。平均每星期就可以长1厘米左右。它们之所以能成功地居于陆地上，在一定程度上得益于它们的繁殖速度。许多啮齿类动物会危害农林业，有的也是疾病传播者。

啮齿类动物可以快速地繁殖。许多啮齿类动物，特别是老鼠类啮齿动物妊娠期很短，能生很多后代。许多幼鼠在很年轻的时候就可以繁殖，家鼠6周大的时候就可以交配，一年可以生10窝，它的妊娠期仅为20天。

（1）豪猪

豪猪又叫箭猪，从它的背部到尾部，均披着猪所没有的、利箭般的棘刺。特别是臀部上的棘刺长得更粗、更长、更多，其中最粗者宛苦筷子，最长约达半米。每根棘刺的颜色都是黑白相间，很是鲜明。

豪猪在与猛兽搏斗时，能迅速地将身上的锋利棘刺直坚起来，一根根利刺，如同颤动的钢筋，互相碰撞，发出唰唰的响声；同时嘴里也发出噗噗的叫声。箭猪在怒吼了，它要以自己特有的御敌绝招，把凶恶的敌害吓倒、吓跑。如果敌害在这种刀枪林立怒不可遏的情形下，仍不听警告继续向豪猪进攻，那么豪猪就会调转屁股，倒退着长刺向敌人冲去。狼、狐狸和大山猫等碰上豪猪，都不敢轻易去惹他。

豪猪的分布遍及各大洲，它的家族约有20多种，以栖树生活为主，在热带森林中最爱吃嫩树皮。特别是白杨树和桉树皮，更是它喜爱的食料。由于这一特点，使之成为森林的一大害物。

（2）松鼠

松鼠主要分布在欧洲各地以及

豪 猪

中国东北至西北地区。它们的耳眼很大，前肢粗短，后肢五趾上有爪，便于攀爬。松鼠有一条蓬松的毛茸茸的尾巴，长约16~24厘米，常常向上翻转到背上，神态十分可爱。睡觉的时候，它们会缩成一团，把大尾巴当成被子盖在身上。松鼠一般栖息于树林中，多吃果子、种子、蘑菇等植物性食物，有时也吃昆虫和鸟卵等动物性食物。

松鼠的耳朵和尾巴的毛特别长，能适应树上生活；它们使用像长钩的爪和尾巴倒吊树枝上。在黎明和傍晚，也会离开树上，到地面上捕食。松鼠在秋天觅得丰富的食物后，既会利用树洞或在地上挖洞，储存果实等食物，同时以泥土或落叶堵住洞口。

松　鼠

（3）河狸

河狸是中国啮齿动物中最大的一种。营半水栖生活，体型肥壮，头短而钝、眼小、耳小及颈短。门齿锋利，咬肌尤为发达，一棵40厘米的树只需2小时就能咬断。前肢短宽。无前蹼，后肢粗大，趾间具全蹼，并有搔痒趾。第4趾十分特殊，有双爪甲，一为爪形，一为甲形。尾大而宽，上下扁平覆盖角质鳞片。躯体背部针毛亮而粗，绒毛厚而柔软，腹部基本为绒毛覆盖。背体呈锈褐色。针毛黄棕色，头、腹部毛色较背部浅，呈灰棕色。颏下近黄色。幼体色灰棕。肛腺前见一对香腺分泌“河狸香”。体重17～30千克、体长60～100厘米、尾长21～38厘米。

河狸通常夜间活动，白天很少出洞，善游泳和潜水，不冬眠。河狸一个独特的本领是垒坝，凡是河狸栖息或是栖息过的地方，都有一

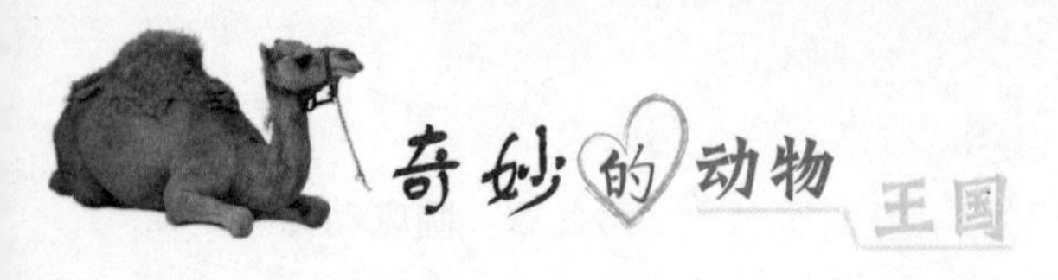

河　狸

片池塘、湖泊或沼泽。河狸总是孜孜不倦地用树枝、石块和软泥垒成堤坝，以阻挡溪流的去路，小则汇合为池塘，大则可成为面积达数公顷的湖泊。河狸具有改造自己栖息环境的能力。当进入新的栖息地或栖息地水位下降时，河狸会用树枝、泥巴等筑坝蓄水，以保护洞口位于水下，防止天敌侵扰。

（4）田鼠

田鼠体型粗笨，多数为小型鼠类，个别达中等，如麝鼠，体长约30厘米，体重约1800克；四肢短，眼小，耳壳略显露于毛外；尾短，一般不超过体长之半，旅鼠、兔尾鼠、鼹形田鼠则甚短，不及后足长，麝鼠的尾因适应游泳，侧扁如舵；毛色差别很大，呈灰黄、沙黄、棕褐、棕灰等色；臼齿齿冠平坦，由许多左右交错的三角形齿环组成。共18属110种，广泛分布于欧洲、亚洲和美洲。中国有11属40余种。

田 鼠

田鼠被称为终身一夫一妻制的“性情动物”。美国科学家通过研究田鼠揭开了人类恋爱时旧情难忘其中的奥秘。据英国《卫报》12月5日报道，加利福尼亚州立大学的学者近期专门对这种动物进行了跟踪，研究它们的大脑和行为，分析它们的爱情产生与消亡过程，结果学者们结合二者后发现，当雄田鼠和雌田鼠交配以后，雄田鼠就会一生一世忠于雌田鼠，每当这个时候，雄田鼠的大脑就会释放出大量多巴胺——一种名为“感觉良好”的化学物质。

研究带头人布兰登·阿拉戈纳将这种多巴胺戏称为“爱情的毒药”。当他们把这种化学物质注射到从来没有交配过的雄田鼠的大脑里时，发现这些小家伙马上放弃了对其他雌田鼠的追求，而是一心一意地只想获得那只早已倾心的雌田鼠的爱。进一步的研究发现，这种多巴胺会改变田鼠大脑某一区域上的“沟渠”，这个区域为许多动物所拥有，包括人类。当已经有伴侣或曾有过伴侣的雄田鼠再次结识一个新异性时，它大脑里的这个区域就会发生剧烈变化，尽管这个时候雄田鼠大脑也会产生“爱情的毒

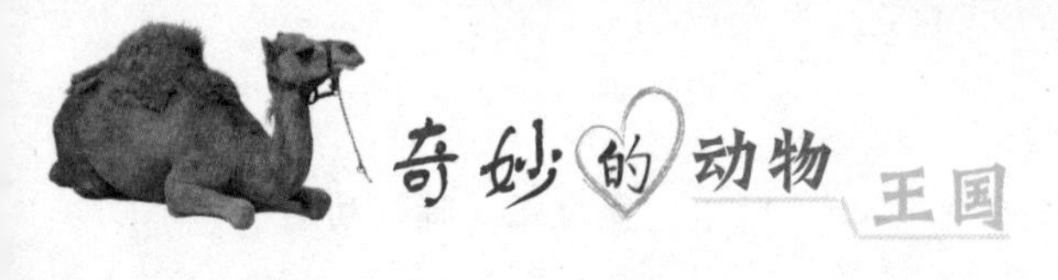

药”这种化学物质，但是此时，该化学物质就会被已经改变的“沟渠”导向另一个神经元，导致雄田鼠无法对新异性燃起曾有的激情，遂变得冷淡起来。阿拉戈纳认为，虽然田鼠的爱情生活和人类的不一样，但是作用原理是共通的。也就是说，人类总是旧情难忘，实际上是多巴胺作用的结果。

（5）睡鼠

睡鼠的毛色为灰色，还长着一条毛茸茸的大尾巴，看起来好像松鼠。它们的名字来自拉丁语，意思是“睡觉”，这是因为它们每年要冬眠几个月。睡鼠生活在树林里，擅长爬树。它们也是一种典型的夜行性动物，晚间在树上灵活地窜来窜去，并寻觅橡树果、小昆虫等为

睡　鼠

食。睡鼠不像其他的啮齿类动物那样储存食物过冬，而是尽量地多吃东西，以储存脂肪过冬。在冬眠期间，睡鼠的体重会减轻近一半，体温随之下降，呼吸也非常慢。

（6）麝鼠

麝鼠一般生活在水域，又善于游泳，因此有水老鼠、水耗子之称，因其会阴部的腺体能产生类似麝香的分泌物，故又被称为麝鼠。麝鼠听觉灵敏，但视觉和嗅觉较迟钝。它们在水中行动灵活，地上活动则显笨拙，听到声音或遇敌时可潜入水中数分钟。麝鼠喜欢在早晨、黄昏和夜间活动，喜食植物的茎叶和根，有贮食习性。它们所分泌的芳香物是医药和化妆品的原料。麝鼠原产于北美洲，现在许多

麝 鼠

国家都已饲养。

（7）草原犬鼠

草原犬鼠通常由1只雄鼠、几只雌鼠和它们的幼仔共同组成一个家庭。别看它们体形小，但繁殖速度极快。1200平方米左右的领域很快就会被一个家庭占据。在草原犬鼠巢的入口处往往有一块高高隆起的“平台”。这个“平台”既可以防备大雨流入巢洞，还可当做望台使用。雄鼠就常常站在望台上守卫自己的家园。

◆ **犬科动物**

犬科动物包括狼、狐狸及家犬等。它们都是肉食性动物，身体构造已演化成特别适合狩猎的形态，例如牙齿可用来捕杀猎物、咬肉、啃骨头，有时还充当彼此打斗的工具：灵敏的视觉、听觉和嗅觉是狩猎利器。除美洲的丛林犬外，所有野生犬科动物都有能够快速奔跑的修长四肢，都有长尾巴和浓密的皮毛。此外，犬科动物属于用脚趾头走路的趾行动物，具有特殊的爪型。

犬科动物的毛皮有各种不同的长度和质地。通常，寒带地区的犬具有浓密的毛皮，温暖地区的犬则毛皮较短。其毛皮可分为两层：内层是柔细的绒毛，通常只有一种颜色；外层是较长、较粗的护毛，上面有防水天然油脂，并表现出自己特有的花样。犬科动物毛皮的颜色相当丰富，有各种深浅的白色、黑色和黄褐色。每年春天和秋天时，大部分的犬科动物都会掉落旧毛，换上比较稀疏的夏毛或又浓又密的冬毛。

所有犬科动物都有敏锐的嗅觉、视觉和听觉。犬科动物的鼻腔内平均有20亿个味觉感受器，而人类油脂500万个。同时，犬科动物对气味的记忆力也很强。它们可以通过鼻子嗅出猎物的行踪、找寻伴侣、辨别入侵者，甚至可以闻出对

家 犬

方是轻松自在，还是紧张害怕。而红狐狸能依靠听觉和视觉来捕捉猎物。夜晚，红狐狸能通过辨别蚯蚓在土里移动发出的声音来捕捉它们。

犬科动物的尾巴长得都很像，又长又直，而且毛茸茸的，通常末端呈黑色或白色。尾巴可以说是犬科动物的宝贝，不但可以充当奔跑时的平衡杆，也是它们表达感情的工具。此外，当它们的尾巴高举时，还可以和同伴互通讯息。不过，自从犬科动物被人类驯服之后，这些身体特征就常在人工育种中被改变。

少数犬科动物是独来独往的，而多种类过着群居生活，例如：灰狼外出捕食时，常常是20只或者

狼

更多的组成一群。成群的生活在一起，可以使狼共同协作捕捉一些大型动物，并可以一起保护它们的子女。通常，每一群狼都占据着一块足够大的领地，它们用尿来划定界线，并随时准备战斗，以赶跑其他狼群。

大多数犬科动物一年繁殖一次，每胎可产下1~12只幼仔。它们通常把又瞎又无助的幼仔生在封闭的地洞中。刚出生的幼仔长得都很像：身体小小的，眼睛还没有睁开，体毛和四肢都很短。大约9天后，幼仔才能睁开眼睛。幼仔刚出生时只能吸食母乳。断乳后，狼和野狗就靠自己反刍出来的食物喂养后代，而狐狸则把猎物带回地洞中喂给幼仔。

（1）犬

狩猎犬：狩猎犬是人类最早使用的捕猎助手。灵活的动作和优异的嗅觉是狩猎犬种具备的两大特征。狩猎犬又可分为视觉型和嗅觉型两大类。视觉型狩猎犬多具备细长的四肢及结实匀称的瘦长体型，因而成为沙漠地区追逐猎物的最佳选择。嗅觉型狩猎犬一般具有强有力的脚、细长形的脸，以及嗅觉比人类敏锐100万倍的鼻子。嗅觉型狩猎犬并非借着瞬间的速度来获取猎物，而是靠发挥惊人的耐久力和长距离的奔跑，直到猎物精疲力竭为止。

德国牧羊犬：德国牧羊犬体形适中，有发达的肌肉、强壮的骨骼，行动轻盈敏捷。雄性犬的身高在60～65厘米之间，雌性犬的身高在55～60厘米之间。它们的耳朵直立时，两耳治理的方向几乎平行。其尾巴下部有浓密的毛，长度至少达到爪关节。当尾巴处于静止时，尾巴有轻微的弯曲，好像一把军刀。纯种德国牧羊犬毛皮的基本颜色是黑色，并伴有一定的棕色、红棕色、金黄色或浅灰色。

（2）狼

北极狼：北极狼是灰狼唯一在其原始分布地的亚种，其主要原因是因为在它们的天然栖息地遇到人类的机会不大。北极狼生活在北极地区。它们的皮毛雪白，与北极的环境融为一体，它们过着群居生活，通常是20～30只组成一个种群，由一只雄性和一只雌性共同领导。它们的猎物主要是大型的食草动物，如驯鹿、麝牛等。一只北极狼一天能吞下大10千克肉，在没有食物的情况下，它们也会去吃腐肉。成年北极狼仅仅3英尺高，长的很象一只有绅士风度的狗。这种狼的颜色有红色、灰色、白色和黑色。北极狼会用林子里的灰色、绿色和褐色作为掩护，北极狼有着一层厚厚的毛，它们的牙齿非常尖

北极狼

利，这有助于它们捕杀猎物。

丛林狼：丛林狼主要分布在从墨西哥中部至北美中部与西部地区。它们的吻鼻部细长，耳朵大，腿细长，尾毛呈刷状，但长不及体长的一半。其体色为暗褐灰色，腹部为白色，背部绒毛似铜色，并在背部中区形成黑色纹。丛林狼的栖息环境极广，从高山到平原，从森林到草地都有它们的踪迹。这种动物极聪慧。它们的跑动速度极快，游水能力也很强，主要以兔、鹿、羊、家畜及鸟等为食，也吃植物性食物。

灰狼：灰狼是犬科动物中体形最大的成员，它们过去分布在北半球的大部分地区，现在只有在偏远地区，特别是森林里才能够见到它们。灰狼多通过面部表情来和同伴进行交流。当它们龇起牙时，通常表示它们要进攻了。狼群一般由一对成年灰狼和它们的后代组成。它们通常是群体狩猎。尽管猎取到食物后是集体分享，但狼群有着非常严格的等级制度，晚辈要把自己的食物分给强壮或年长的灰狼。

（3）狐

北极狐体长50~60厘米，尾长20~25厘米，体重2500~4000克。体型较小而肥胖。嘴短，耳短小，略呈圆形。腿短。冬季全身体毛为白色，仅鼻尖为黑色。夏季体毛为灰黑色，腹面颜色较浅。有很密的绒毛和较少的针毛，尾长，尾毛特别蓬松，尾端白色。北极狐能在零下50℃的冰原上生活。北极狐的脚底上长着长毛，所以可在冰地上行走，不打滑。野外分布于俄罗斯极北部、格陵兰、挪威、芬兰、丹麦、冰岛、美国阿拉斯加和加拿大

北极狐

极北部等地。根据以往的说法，狐狸被认为是不合群的动物，近来的观察结果表明，狐狸有其一定的社群性。

在一群狐狸中，雌狐狸之间是有严格的等级的，它们当中的一个能支配控制其它的雌狐。此外，同一群中的成员分享同一块领地，如果这些领地非要和临近的群体相接，也很少重叠，说明狐狸是有一定的领域性。

◆ **熊科动物**

熊类的特点是头大，身体笨重，四肢短粗，尾巴短小，眼睛与耳朵较小。熊的视觉和听觉都不十分灵敏，但嗅觉非常发达。除北极熊以外，它们大多栖息在温带和热带地区。熊是杂食性动物，它们既吃动物性食物，也吃植物性食物，如草、树叶、果树籽等。只有北极熊的主要食物是鱼和海豹。熊一般不主动攻击人，也愿意避免冲突。但当它们保卫自己或自己的幼仔、食物或地盘时，会变得非常凶猛可怕。

熊是非常好斗的动物。在交配季节，公熊常为了争夺母熊而战。熊打起来十分凶狠，有时甚至会因此而丧命。年轻的公熊时常打着玩，这有助于它们提高打斗技巧。熊在打斗的时候会大声吼叫，而熊妈妈则会发出低沉的声音来警告小熊：有危险，赶快离开。

生活在寒冷地带的熊，除雄性北极熊外，洞天都会进入冬眠状态。因为缺少食物，为了节省能量，它们不得不进入休眠状态。在夏季和初秋，它们吃充足的食物，在体内积聚了足够的脂肪，然后就在树洞中建起了巢穴。冬眠中，亚洲黑熊通常以睡觉的方式越冬，体温并不下降；棕熊冬眠时，身体往往蜷曲成一团，体重会下降。

（1）棕熊

棕熊属大型食肉目动物，成

年棕熊体长1.8~2米，体重达200千克，多为棕褐色或棕黄色；老年熊呈银灰色，幼年熊为棕黑色且颈部有一白色领环。棕熊主要栖息在寒温带针叶林中，在高山草甸也能生活。棕熊力气很大，可以拖动一匹马。它们多在白天活动，行走缓慢；没有固定的栖息场所，平时单独行动。棕熊食性较杂，几乎什么都吃，包括果实、鹿和洄游的鱼等，甚至还捕杀其他种类的熊。

因为棕熊体态庞大（它直立时身高可达3米），所以大多数人都觉得它是一种十分危险的猛兽，可事实上，棕熊极少主动伤人，它更多的是一种出于防卫的攻击。棕熊具有很强的防卫意识，当它的家园受到侵犯，子女受到威胁或领地

棕　熊

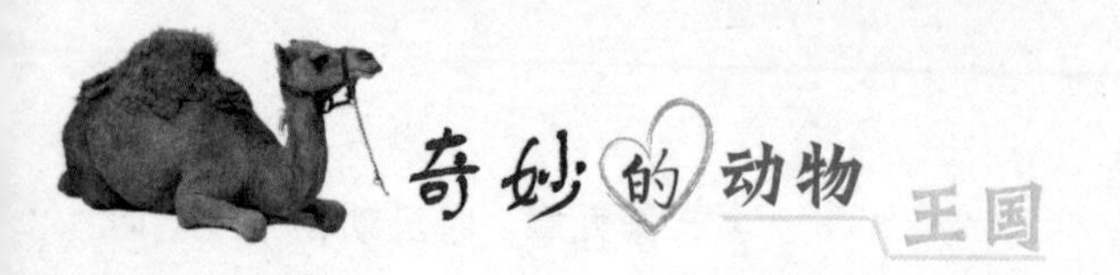

受到骚扰时它就会奋起攻击，也有人以为棕熊很笨拙，脑子也不灵活，其实，它看似笨拙，但跑得却不慢，如果它要追人，人也很难逃掉。它头脑机灵，若它发现有猎人追踪，就会加速前进，假装要甩脱猎人的追踪。然后它突然急转弯，隐藏好自己，等猎人正在遗憾被它甩掉并坐下来抽袋烟的时候，它会突然跳出来，袭击猎人。

（2）美洲黑熊

虽然大多数的黑熊实际上是黑色的，但是黑熊却有另外一些色系，包括白色、金黄色、黄棕色和各种深浅的棕色。它们虽然能适应各种栖息地，但还是偏好生活在森林或临近河流的地方。美洲黑熊在地面上行动迅速，具有速度超过每小时40千米的记录，而且还是爬树高手。它们可以用后腿直立走路，但平常总是以四条腿慢吞吞地走。一般说来，美洲黑熊会躲避人类。除了在进食、受伤或保护它们的孩子等情况之外，通常不具有侵略性。

美洲黑熊喜欢在晚上和一大早出来觅食。在春季，它们多以草、植物、各种坚果及树根为食物，在夏季和秋季则吃果实。如果可以找到昆虫、腐肉和垃圾的话，它们也吃。根据季节和地理位置的不同，它们也会抓幼鹿和产卵的鲑鱼。当然，美洲黑熊也非常喜爱蜂蜜。

（3）北极熊

北极熊是北极地区最大的肉食动物，也是世界上最大的熊。其雌性的体重可达300多千克，而雄性体重又是雌性的两倍甚至还要多。北极熊广泛分布于北欧、西伯利亚背部及北美洲的北部。它们的掌上有毛，这样可以防滑；身上的毛非常厚，可以保持皮肤干爽。它们能在冰冷的北极海中自在地游泳或潜水，夏季通常以浆果和啮齿动物为食；冬天，其猎物包括海

黑　熊

豹、海豚、鳕鱼、鲑鱼等，而以海豹为主食。

北极熊以海豹为主食。它们观察猎物时非常仔细，能巧妙地利用地理形势，亦步亦趋地向海豹靠近，当行至有效捕程之内，则犹如离弦之箭，猛冲过去。尽管海豹时刻小心谨慎，但等发现北极熊时为时已晚。巨大的熊掌以迅雷不及掩耳之势拍将下来，海豹顿时脑浆涂地。有时，特别是冬天，北极熊又会以惊人的耐力连续几小时在冰盖的呼吸孔旁等候海豹，全神贯注，一动不动，并会用熊掌将鼻子遮住，以免自己的气味和呼吸声将海豹吓跑。当海豹稍一露头，“恭

北极熊

候”多时的北极熊便会以极快的速度，朝着海豹的头部猛击一掌，可怜的海豹尚未弄清发生了何事，便脑浆四溅，一命呜呼。对于那些躺在浮冰上的海豹，北极熊也有一套对付方法。它们会悄无声息地从水中秘密接近海豹，特别有意思的是，有时它们还会推动一块浮冰做掩护。北极熊的聪明之处还在于，在游泳途中若遇上海豹，它们会无动于衷，犹如视而不见。这时因为它们深知，在水中，它们绝不是海豹的对手，与其拼死拼活地决斗一场，到头来说不定是竹篮打水一场空，还不如放海豹一马，保存自己的体力。

（4）懒熊

懒熊属体型中等的熊科动

物，体长约有140～180厘米。公熊体重80～140千克，比母熊约重30%～40%。懒熊全身覆盖着长长的黑毛，毛发中间夹杂着棕色或灰色，前胸点缀着一块白色或淡黄色的“U”型或者“Y”型斑纹。懒熊的脸部毛发相对较少，毛色偏灰。它们的口鼻很长，还能灵活移动，嘴唇裸露，舌头也很大，另外，它们还能随意控制鼻孔的闭合。懒熊的上颚只有4颗门牙，而不像很多其他种类的动物那样上下各有六颗，这样中间形成的空隙就有助于它们吸食白蚁。懒熊尾巴粗短，脚掌堪称巨大，脚掌上长有很长的爪钩，不但方便它们挖掘蚁洞

懒　熊

中的蚂蚁，还便于它们爬树。这些爪钩形状类似树懒，懒熊的名字也因此得来。

和其他熊科动物一样，懒熊也是杂食性动物，它们以昆虫为主要食物，另外也会挑选树叶、蜂蜜、花朵、水果甚至腐肉来当配餐。懒熊不冬眠，白天的懒熊通常在靠近河岸边的洞穴里舒服地休养生息，夜间才会出来活动觅食。它们有着极好的嗅觉，可视力和听觉差的不是一般，有时人类来到近旁之后它们才发现。

懒熊主要居住在印度和斯里兰卡，在孟加拉国、尼泊尔和不丹也有少量分布。20年前，在热带地区的森林和草原上还能窥见它们的身影，特别是在低海拔而又比较干旱的林地以及岩石地带。他们曾在印度和斯里兰卡随处可见，如今却成了稀有之物。

（5）马来熊

马来熊又被称做“太阳熊”，因为它们的胸前长着一块黄色的斑纹，看起来就像初升的太阳。马来熊是熊类家族中身材最矮的熊。它们长长的爪子和无毛的掌心适合用来抓握树枝。马来熊的皮肤天生就很松软，要是被大型动物抓住，它们就可以使皮肤拉长而扭转身体，去反咬敌人。白天，它们喜欢待在树上，这样比较安全。晚上，马来熊乎寻找各种美食来个“午夜大餐”。为了能解馋，马来熊常用强有力的爪子刨开木头下的泥土，或是爬上树撕咬树皮。那些树皮在它们看来就像纸一样薄。有时，它们也会挖开树干掏取蜂窝，将美味的蜂蜜舔个精光。马来熊一次只能生1~2个小宝宝。刚出生的小熊非常脆弱。它们闭着眼睛，不会走路，在吸食了3~4个月的母乳后才可以外出活动。但2年之后，它们就能离开妈妈独立生活了。

（6）熊猫

熊猫，又名大猫熊，主要分布

马来熊

在中国的四川、陕西、甘肃，栖居于海拔2400~3500米的高山竹林中。其生活环境湿度很大，温差也较大。大熊猫性情较温顺，很少主动发起攻击。它们的视觉和听觉相当迟钝，但嗅觉稍好。虽然它们躯体笨重，却很善于攀爬，会游泳，在逃避猎人追捕时，能迅速爬到大树梢上。除交配期外，大熊猫常独居生活。

（7）浣熊

浣熊生活在北美和中美以及南美洲北部地区。一般体长42～60厘米。浣熊的毛很长，眼睛周围是黑色的，看起来好像戴着面具。浣熊擅长爬树、游泳，大多在夜间活动，利用视觉和灵敏的嗅觉来觅食。它们的爪子很灵活，能够用爪子拾东西或抓东西。浣熊的适应能力很强。它们不仅在林地生活，而

熊　猫

且还学会了如何在人类居住的地区生活。

◆ **猫科动物**

猫科动物是自然界中最厉害的猎食者。它们全是食肉动物，主要以脊椎动物为食。捕食进攻前，它们总会悄悄地接近猎物，然后发动突然袭击。它们大多在夜间活动，在黑暗中有很好的听力和视力。猫科动物有小型猫科动物和大型猫科动物之分。小型猫科动物，如豹猫，总是蹲伏着吃东西，休息时爪子总是缩在身子下面，只会呜呜地叫；大型猫科动物，如狮、虎，休息时爪子总是向前伸，会发出嚎叫声。

猫科动物都有柔软、强壮的身

浣　熊

体，可以快速灵活地行动。但它们一般不具有长距离奔跑的能力。例如豹子，如果追了一段距离后，猎物还没到手，它们就会放弃。大多数猫科动物都生活在森林中，是出色的爬树能手。它们有强壮的前肢和胸肌，以及锋利的爪子，习惯于用强有力的后腿跳跃，长长的尾巴则帮助它们在跳跃和爬树时保持身体的平衡。

猫科动物起源于类似猎猫类的原始类型，猎猫类形态和性类似现在的猫科动物而较原始，以前作为猫科动物的一个亚科，现在则多作为独立的猎猫科。猎猫科大体占据和猫科类似的生态地位，比较多样化，多数犬齿比较发达，其中有些成员如始剑虎等发展出了类似剑齿虎的发达的上犬齿，是当时厚皮动物的主要捕食者。

豹 子

狮　子

真正的猫科诞生后向着两个方向发展，一支上犬齿逐渐延长，另一支犬齿趋于变小而身体比较灵活。上犬齿逐渐延长的这一只被归入剑齿虎亚科，其中以晚期的剑齿虎为代表。剑齿虎大概是所以史前哺乳动物中最引人注目的，体型巨大，上犬齿特别发达，可能以厚皮动物为食，并随着厚皮动物的减少而消失。

猫科动物大多过着夜间狩猎的生活。它们拥有异常灵敏的感觉器官，能在黑暗中无声无息地活动，看清周遭事物，嗅出附近动物的气息等。小型猫科动物狩猎的速度非常快。它们必须保持高度警戒，以便一察觉危险，能马上爬到树上或躲进洞里。猫科动物还有人类没有的"味嗅觉"，能帮助雄性在繁殖期间找到配偶。猫科动物人家的本领也很强。这种本领也是凭着灵敏的感觉器官办到的。

猫科动物的毛皮给它们提供了很好的伪装，可以防止被敌人或猎物发现。比如说，狮子土黄色的毛皮可以使他们隐藏在非洲草原的干草中。和大多数猫科动物一样，美洲豹身上长着条纹和斑点，它们生活在中美和南美的森林和茂密的灌木丛中。当它们保持静止时，身上的斑纹和太阳投射下的光斑极为相似，几乎无法察觉他们的存在。

所有的猫科动物都是跳跃高手。和其他动物一样，他们的跳跃动作可由收缩和放松四肢及背部的肌肉来完成；同时，它们还利用尾巴保持身体的平衡。不同的是，猫科动物能非常准确地落到预定地点上。此外，猫科动物的脚趾下都有厚实、柔软的肉垫，这使它们能无声无息地展开一切行动。

（1）虎

虎是独立、优雅而又神秘的动物。它们是最成功的肉食动物之一。它们用非常锋利的牙齿将肉撕成碎片，用尖利的爪子捕捉猎物和攀岩。虎主要在夜间觅食。尽管它们的身材高大，却能够悄无声息的接近猎物，然后进行偷袭。它们还会威胁到人，已经出现不少老虎伤人的情况。但近些年来，由于人类的捕杀，虎的数量大幅度减少。目前，世界上仅存西伯利亚虎、华南虎、印支虎、孟加拉虎和苏门答腊虎五种，共7000只不到。

孟加拉虎：体色呈黄或土黄色,身上有一系列狭窄的黑色条纹,腹部呈白色,头部条纹则较密,耳背为黑色,有白斑.雄性孟加拉虎从头至尾平均身长2.9米，大约220千克；雌性略小，测得大约2.5米长体重接近140千克，成年孟加拉虎的皮毛以棕黄及白色为底，加上黑色的条纹。另外也有少量白底黑纹

的孟加拉白虎，是因为基因变异。

孟加拉虎的栖息地范围很广，包括很高、很冷的喜马拉雅山针叶林、沼泽芦苇丛、印度半岛的枯山上、印度北部苍翠繁茂的雨林和干燥的树林。主要分布在印度和孟加拉。它也是这两个国家的代表动物。孟加拉虎的猎物主要是野鹿和野牛。目前被世界保护联盟定为保护现状极危的动物。在中国被列为国家一级重点保护野生动物。

东北虎：东北虎是现存体重最大的猫科亚种，其中雄性体长可达2.8米左右，尾长约1米，体重接近350千克左右，有记录的最大野生东北虎体重达到470千克，为原苏联捕获。东北虎主要分布于中国的东北地区，国外见于西伯利亚。体色夏毛棕黄色，冬毛淡黄色。背部和体侧具有多条横列黑色窄条

孟加拉虎

纹，通常2条靠近呈柳叶状。头大而圆，前额上的数条黑色横纹，中间常被串通，极似“王”字，故有“丛林之王”之美称。

东北虎一般住在600~1300米的高山针叶林地带或草丛中，主要靠捕捉野猪、黑鹿和狍子为生。它白天常在树林里睡大觉，喜欢在傍晚或黎明前外出觅食，活动范围可达60平方千米以上。

华南虎：华南虎亦称“中国虎”，是中国特有的虎种，生活在中国中南部。识别特点：头圆，耳短，四肢粗大有力，尾较长，胸腹部杂有较多的乳白色,全身橙黄色并布满黑色横纹。是亚种老虎中体型最小的。雄虎身长约2.5米（加头），重约150千克。雌虎身

东北虎

长约2.3米，体重约110千克。尾长80~100厘米。毛皮上有既短又窄的条纹，条纹的间距较孟加拉虎、西伯利亚虎的大,体侧还常出现菱形纹。

华南虎主要生活在森林山地。多单独生活，不成群，多在夜间活动，嗅觉发达，行动敏捷，善于游泳，但不能爬树。以草食性动物野猪、鹿、狍等为食。一般来说，一只老虎的生存至少需要70平方千米的森林，还必须生存有200只梅花鹿、300只羚羊和150只野猪。

（2）狮

狮子表面看起来是一种懒惰的动物，因为它们大部分时间都在打盹，只有在饥饿或是为了捍卫它们的领地时，才会从昏睡中醒来，变

华南虎

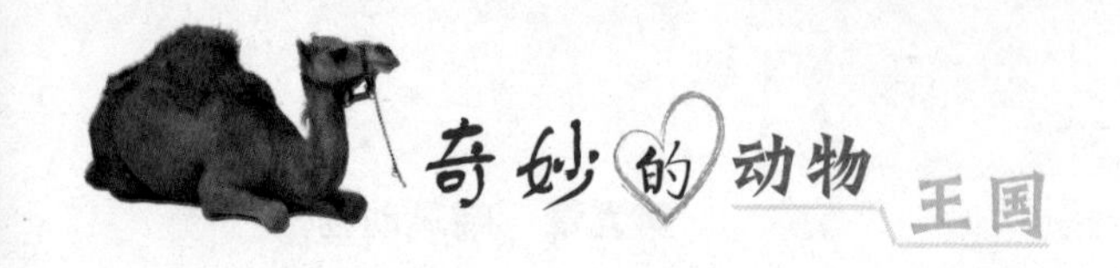

得凶猛异常。狮子通常选择一些开阔地休息，这种开阔的视野有利于观察周围的情况，对它们的狩猎是非常有用的。狮子的身体呈黄褐色，与干草或荒地的颜色十分接近，形成了与其栖息环境完美融合的保护色。狮子具有很强的领地意识，而它们确定领地范围的重要方法之一就是在领地周围散布气味。

狮子一般在早晨和夜晚要各喝一次水。白天时，很难见到狮子活动，偶尔可以看见它们在矮树中或高台上徘徊。狮子很不喜欢炎热，所以除了早晨和黄昏外，白天它们常是懒洋洋的，身体横躺，眼睛半闭，不时喘着气。它们通常上午9点多走进有树阴的地方；当太阳西下时，就到有水的地方去喝水。水边常有多种动物饮水，因此，此地也是猎食的好场所。

狮子都在接近黄昏、比较凉爽的时候，才开始狩猎。狩猎一般是母狮的工作，雄狮并不参与。多数情况下，除了留下一只母狮照顾幼仔外，其余的母狮全部出动寻找晚餐。狩猎时，狮子先在草食动物中选中目标，再由居下风的草丛后面一步步接近目标，先由一只母狮突然袭击，其他母狮再包围追赶，合力捕食。狮子最有力的攻击武器是前爪和坚强有力的犬齿。它们先用前爪狙击，将猎物拖倒或直接咬住下颌。猎物一旦遭到攻击，就很难幸免。

非洲狮：非洲狮颜色多样，但以浅黄棕色为多，雄性狮站立时肩部高达1.2米，体长1.5～2.4米，尾长平均9米，体重可达150～250千克。

在所有的猫科动物中，狮子的群体意识最强，它们能够和睦相处。头领雄狮的主要职责是保卫领地，其它的雄狮负责保护雌狮。和所有的猫科动物一样，雌狮比雄狮体型小。在一个狮子群体中，大约有近20只狮子，其中包括10多只成年雌狮、四五只成年雄狮，还有几只幼狮。狮子与其它猫科动物的生活习性相似，它们白天大部分时间都横躺竖卧在树荫下休息。在狮子群中，几乎所有的家务事都由雌狮干，狩猎、寻觅食物都是雌狮的任务。狮子在逆风追捕猎物时，十有八九总能成功，同大多数猫科动物一样，狮子的视觉比嗅觉更为重要。当几只狮子共同追捕猎物时，它们常常围成一个扇形，把捕猎对象围在中间，切断猎物的逃跑路线。

亚洲狮：亚洲狮又称印度狮，仅产印度西部，是唯一生活在非洲以外的一种狮子。与非洲狮相比，亚洲狮身躯略小，体长1.2～1.7米，体重100～200千克。亚洲狮的雄狮

非洲狮

不但脖子长有长长的鬃毛，在它的前肢肘部也有少量长毛，而它的尾端球状毛也较大。亚洲狮雌性2岁半即可性成熟；雄性需4年。它们每胎产2～3只幼狮，但幼狮死亡率较高，一般只成活1仔。幼狮3个月后便可同母亲一起参加狩猎活动，需同母亲一起生活两年。

亚洲狮成群生活，也常集体捕食，但大多是母狮捕食，公狮坐享其成。它们由一头狮子将猎物赶到其他狮子的下风，然后一起扑向猎物。它们吃饱后需要大量喝水，而亚洲狮生活的区域属于热带季风气候，雨季时间很少，时常出现干旱，因此捕食后长需到很远的地方才能找到水源。这种恶劣的环境不但使亚洲狮饮水困难，就连它们的猎物也很少。幼子成活率低也是饮水及食物不足所致。

亚洲狮

狮子在印度被视为“圣物”，即使狮子也曾在食物短缺时捕食家畜，但印度人并没有对它们进行捕杀，因此亚洲狮虽生存环境恶劣，但在没有人类干扰的情况下一直很好的生活着。自1757年印度沦为英国殖民地后，亚洲狮开始遭到了厄运。英国殖民者将猎杀亚洲狮视为一种娱乐。到了1900年，在人类100多年的捕杀之下，亚洲狮已经十分稀少，此时一些动物保护者开始宣布要保护亚洲狮，但仍有人偷偷进行捕杀。到1908年，亚洲狮只剩下最后13只，为了不让它们彻底走向灭绝，人们把它们全部捕捉进行人工饲养，从此亚洲狮在野外消失了。人们为了能亚洲狮更好的生存和繁殖又把它们放到了印度西部的吉尔森林中并建立了保护区。

（3）豹

豹身上长有斑点，灵活而漂亮，是对自然环境适应性最强的猫科动物之一。它们可以生活在各种各样的环境中，从稀树草原、沙漠到山坡，到处都有它的足迹。豹一般在夜间觅食，通常从近处袭击猎物，而不是依靠追击。

猎豹：猎豹是非洲草原上最迅捷的杀手。其身材修长，背骨柔软，身段苗条而毫无赘肉，这使它们成为陆地上奔跑速度最快的动物，高达120千米的时速至今仍是动物界中无人能破的纪录，猎豹全身覆盖着金黄色的皮毛，上面布满黑色的斑点，眼睛至嘴巴处还有一条显眼的黑线。猎豹凭借速度捕猎因为他们的耐性不佳，一般只追逐500米，若仍未捉到猎物，便会放弃。猎豹有固定的繁殖期，雌豹经过大约90天的怀孕期后，会生下2~5只幼豹。为了小猎豹的安全，豹妈妈会把它们藏在草丛里，捕到猎物后就带回去让它们分享。由于雌豹没有固定巢穴，所以每隔几天，它们就会搬一次家。

金钱豹：体型与虎相似，但较

小，为大中型食肉兽类。雄性体重75千克左右，雌性体重55千克左右，身体全长（连尾巴）1.6~2米，尾长超过体长之半。头圆、耳短、四肢强健有力，爪锐利伸缩性强。豹全身颜色鲜亮，毛色棕黄，遍布黑色斑点和环纹，形成古钱状斑纹，故称之为“金钱豹”。其背部颜色较深，腹部为乳白色。还有一种黑化型个体，通体暗黑褐，细

猎　豹

观仍见圆形斑，常被称为墨豹。金钱豹主要分布亚洲、非洲及阿拉伯半岛。中国有3亚种：华南豹、华北豹和远东豹（东北豹）。

雪豹：雪豹因终年生活在雪线附近而得名，又名草豹、艾叶豹。头小而圆，尾粗长，略短或等于体长，尾毛长而柔。体长110～130厘米；尾长80～90厘米，体重38～75千克。全身灰白色,布满黑斑。头部黑斑小而密，背部、体侧及四肢外缘形成不规则的黑环，越往体后黑环越大，背部及体侧黑环中有几个小黑点，四肢外缘黑环内灰白色，无黑点，在背部由肩部开始，黑斑形成三条线直至尾根，后部的黑环边宽而大，至尾端最为明显，尾尖黑色。与平原豹不同的是，它前

金钱豹

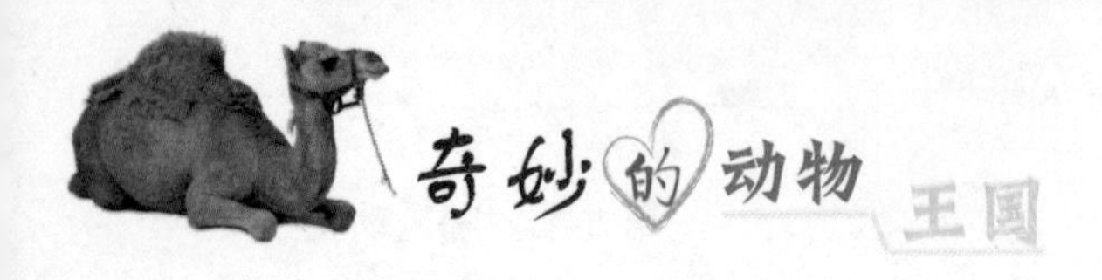

掌比较发达，因为其是一种崖生性动物，前肢主要用于攀爬。雪豹周身长着细软厚密的白毛，上面分布着许多不规则的黑色圆环，外形似虎，尾巴甚至比身子还长。

雪豹被誉为世界上最美丽的猫科动物。行踪诡秘，常于夜间活动。所以专家只能粗略地根据大致的栖息地范围和每只雪豹的领地范围，推算出全世界大概有3500~7000只野生雪豹。是中亚高原特有物种，我国一级保护动物，在国际保护等级中被列为濒危动物，和大熊猫一样珍贵。根据此前的媒体报道，雪豹在我国主要分布于西藏和新疆地区。

美洲豹：美洲豹的身材中等，包括尾巴不超过2.6米，带斑点的

雪　豹

毛皮非常漂亮。美洲豹主要生活在森林和沼泽中，擅长游泳，还非常喜欢在水中嬉戏。这一点和大多数猫科动物不同。它们通常在河岸边寻找食物，袭击水獭、海龟甚至大蛇。美洲豹能够伤人致死。不过这类情况很少发生，它们一般对人类敬而远之。美洲豹与金钱豹不同的是毛皮的环纹圈中有黑斑点。

在南美洲各处都可以发现美洲豹的踪影，连极南边的巴塔哥尼亚高原也不例外。至于北美洲，不久前美国南部各州还能发现美洲豹，但现在已经绝迹。虽然，美洲豹现在已是受保护的动物，但仍面临绝种危机。

云豹：云豹有较短而粗的四肢，几乎与身体一样长而且很粗的尾巴。头部略圆，突出的口鼻，爪子非常大。体色金黄色，并覆盖有大块的深色云状斑纹，因此称作云豹。云豹口鼻部，眼睛周围，腹部为白色，黑斑覆盖头脸，两条泪槽穿过面颊。圆形的耳朵耳朵背面有黑色圆点。瞳孔极不平常，为长方形。它们的牙齿也与众不同，犬齿

美洲豹

的长度比例在猫科动物中排名第一。犬齿与前臼齿之间的缝隙也较大，这样他们就更容易杀死较大的猎物。云豹犬齿锋利，与史前已灭绝的剑齿虎相似。尾毛与背部同色，尾端有数个不完整的黑环，端部黑色。

云豹主要栖息在亚洲东南部的热带和亚热带丛林中，由于它们的皮毛柔软美观，所以常遭人类猎杀。云豹繁殖幼仔时有个怪脾气：在生小豹时，必须保证绝对的隐蔽，不得有任何风吹草动，否则就会将小豹吃掉，或自己独自出走，将小豹弃之不管。

（4）薮猫和豹猫

薮猫和豹猫均为小型猫科动物。薮猫是草原上最醒目的猫科动

云 豹

物之一。它们的体形纤长，黑白花色的耳朵呈杯状，且有菱形的耸毛，背部为浅黄色至浅红褐色，腹部为灰白色，全身分布黑色斑点和条纹，远看就像是一只小猫豹。豹猫又称野猫、狸猫，其体长40～60厘米，外形似家猫，全身花纹斑驳像豹，故名豹猫。

（5）獴

獴属灵猫科，是一种长身、长尾而四肢短的动物。獴共25种，分布于非洲、亚洲大陆的热带和温带地区。非洲集中了半数以上的獴类。獴喜栖于山林沟谷及溪水旁，多利用树洞、岩隙作岩。獴的食物非常广泛，早晨或黄昏出洞觅食，捕食野鼠、蛇等。獴的皮毛很厚，起一定的保护作用。

獴

◆ 鼬科动物

鼬科动物是一些个头小、行动敏捷、技能高超的杀手，包括獾、黄鼠狼和水獭等，是体型最小的肉食动物。它们的生活范围很广，包括河流、湖泊、海洋。除了澳大利亚和南极洲外，其余各洲都可见到它们的踪迹。鼬类动物主要在夜间出来捕食，利用它们的视觉、听觉和极为敏感的嗅觉追捕猎物。鼬科动物在肛门附近都长着可以分泌刺激气味的腺体。这些气味用来确定领地、相互沟通和防御敌人。

（1）臭鼬

臭鼬属哺乳纲食肉目鼬科，一般生活在疏林、草原和沙漠中，昼伏夜出，以昆虫、青蛙、鸟类和蛋为食。臭鼬用它那特殊的黑白颜色警告敌人不要攻击它，如果敌人靠的太近，臭鼬会低下来，竖起尾巴，用前爪跺地发出警告。如果这样的警告无效，臭鼬便会转过身，向敌人喷出一种恶臭的液体。这种体液是由尾巴旁的腺体分泌出来的，足以将很多动物臭晕。

（2）紫貂

紫貂别名“黑貂”，生活在气候寒冷的亚寒带针叶林或针阔混交

臭　鼬

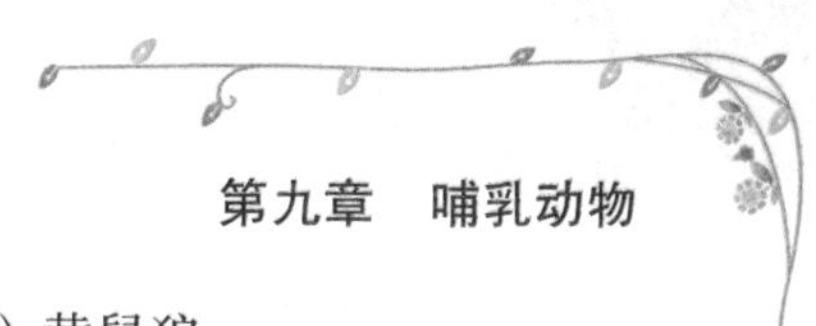

林中。紫貂体躯细长，四肢短健，体形似黄鼬而稍大。其体色黑褐，稍掺有白色针毛：头部为淡灰褐色，耳缘为白色，有黄色或黄白色喉斑，胸部有棕褐色毛。紫貂善攀缘爬树，但多在陆地生活。它们昼伏夜出，猎食小型哺乳动物和坚果、浆果等。食物短缺时，白天也出来猎食。紫貂行动快捷，一受惊扰，瞬间便消失在树林中。

（3）黄鼠狼

黄鼠狼因为周身棕黄或橙黄，所以动物学上称其为黄鼬。其身体细长，四肢短小；颈部长，头小，可以钻入很狭窄的缝隙。黄鼠狼的名声不太好，人们有句俗话：“黄鼠狼给鸡拜年——没安好心”，落下个偷鸡的恶名。其实这是“冤枉”了它。生物学家曾对全国11个省市的5000只黄鼠狼进行解剖，从

紫　貂

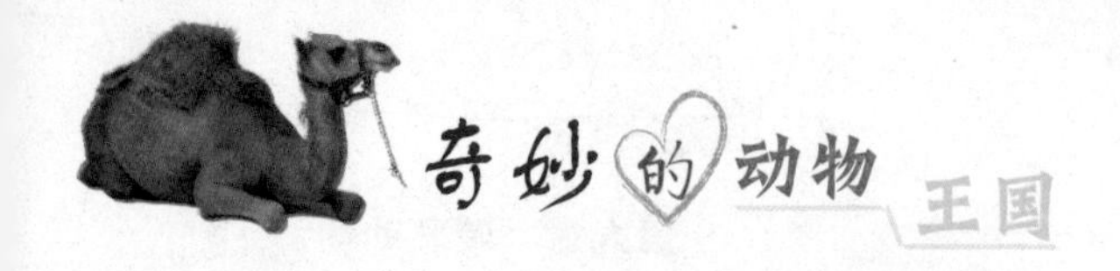

胃里剩的残骸鉴定，其中只有2只黄鼠狼吃了鸡。后来，又做了活黄鼠狼的食性试验：第一天晚上，在黄鼠狼的笼子里放进活鸡、带鱼。结果活鸡安然无恙，带鱼被吃掉了；第二天晚上，放进鸡、鸽、老鼠和蟾蜍。结果老鼠被吃光了，蟾蜍吃掉一部分；第三天晚上，放送鸡、鸽，黄鼠狼将鸽子咬死；第四天晚上，只放进活鸡，黄鼠狼才拿鸡充饥。由此可见，它在极端缺食，无可奈何的情况下，才叼鸡吃。

黄鼠狼

蜜 獾

其实黄鼠狼爱吃的是鼠。它还是一个捕鼠能手呢。据统计，一只黄鼠狼一年能消灭三四百只鼠类。一旦老鼠被它咬住，几口就可下肚。如果寻找鼠窝，它可以掘开鼠洞，整窝消灭。以每年每只鼠吃掉1千克粮食计算，一只黄鼠狼可以从鼠口里夺回三四百千克粮食。所以黄鼠狼决不是什么偷鸡贼，而是人类的好朋友。

（4）蜜獾

蜜獾的前脚上有长长的爪子，身上的皮毛很厚，可以防止被蜂蛰伤。它们的皮肤非常坚韧，而且很松弛，这样便于转身去咬那些从侧面或后面袭击它们的敌人。蜜獾有着与众不同的体色：两侧和腹部为黑色，从头到后背为白色。它们常单独或成对在黄昏和夜间外出活动，白天则在地洞中休息。蜜獾的食性较杂，常捕食各种小型哺乳动物、鸟类、爬行类、节肢动物以及动物的腐肉，特别喜欢吃

水　獭

蜜蜂和蜂蜜。

（5）水獭

水獭流线型的身体，长约60～80厘米，体重可达5千克。头部宽而略扁，吻短，下颏中央有数根短而硬的须。眼略突出，耳短小而圆，鼻孔、耳道有防水灌入的瓣膜。尾细长，由基部至末端逐渐变细。四肢短，趾间具蹼。体毛较长而细密，呈棕黑色或咖啡色，具丝绢光泽；底绒丰厚柔20软。体背灰褐，胸腹颜色灰褐，喉部、颈下灰白色，毛色还呈季节性变化，夏季稍带红棕色。

水獭是半水栖兽类，喜欢栖息在湖泊、河湾、沼泽等淡水区。水獭的洞穴较浅，常位于水岸石缝底下或水边灌木丛中。往往在一个水系内从主流到支流，或从下游到上游巡回地觅食，亦能翻山越岭到另一条溪河，洪水淹洞或水中缺食时也常上陆觅食，滨海区的水獭有集群下海捕食的习惯。

（6）海獭

海獭是肉食兽中唯一的海栖动物。成年雄海獭体长1.47米，体重45千克。雌海獭体形娇小，体长约1.39米，体重约33千克。海獭的尾巴长约30~40厘米。它的头很小，身躯肥胖，前肢短而裸露，后肢长而扁平，趾件间有蹼，成鳍状，适于游泳和潜水。海獭主要生活在海中，仅休息和生育时上岸，甚至睡觉时也在海里漂浮。海獭是海兽中会利用工具捕食的动物。

海獭是稀有动物，只产于北太平洋的寒冷海域， 海獭的身上长有动物界中最紧密的毛发（每平方寸有一百万根）。 根据动物学家的研究，海獭是由栖息于河川中的水獭，在大约五百万年前才移居海边而进化成海兽。 因此，

海　獭

海獭并不像生存在于海水中已有三千五百万年的老前辈——海狗那样善于潜水，同时也缺乏一层厚厚的皮下脂肪以抗寒。

海獭的抗寒本领是来自体内和体外两项遗传变异，体外变异就是上述的盛长密集毛发，而体内变异则是消耗大量海鲜以盛产热能。

◆ 鲸　目

鲸目包括鲸与海豚，是大约6500万年前从有蹄类动物进化来的。它们都具有圆滑的流线型身体，以及具有推进作用的扁平尾巴。和所有的哺乳动物一样，它们用乳汁哺育幼仔。它们在水中追逐猎物，捕获食物。除了一些海豚外，大部分鲸目动物生活在海里。

鲸

目前，世界上约有80种鲸目动物。

（1）鲸

鲸家族分为两类：有齿鲸和无齿鲸。有齿鲸几乎吃海上所有的生物。无齿鲸吃鳞虾等小型海洋生物，它们和蝙蝠一样，用回声定位法导航和寻找猎物，有些有长途迁徙的习惯。由于鲸和海豚都要呼吸空气，所以它们会定时游出水面。鲸和海豚游泳时尾巴上下摆动，而鱼游泳时尾巴是左右摆动的。

鲸没有鼻壳，鼻孔直接长在头顶上。当它们的头部露出水面呼吸时，呼出气体中的水分在空气中突然遇冷形成水蒸气，就像我们冬天的呼吸一样。强烈的水汽向上直升，并把周围的海水也一起卷出海面，于是蓝色的海面上便出现了一股蔚为壮观的水柱。这就是“鲸鱼喷潮”，动物学上叫鲸鱼的“雾柱”。大多数的鲸、海豚与鼠海豚都能借助声音构建出周围环境的“图像”，这就是所谓的“回声定位”。它们发出的声音碰到周围的物体会弹回，同时也可用来警告其他水中动物自己的存在。在深海中，水下几乎没有光线，因此多数鲸鱼像蝙蝠那样利用回声定位来四处活动。这有助于它们找到成群的鱼类或乌贼。

蓝鲸：蓝鲸又叫剃刀鲸，蓝长须鲸，是须鲸中的一种。它们的口中没有牙齿，却长着许多梳齿般的三角形的须。除了黝黑色的鲸须外，背部几乎都是青蓝色，体侧镶有白色的斑点，腹部有70～180个皱褶，可以膨胀，也会收缩。蓝鲸是迄今为止生活在地球上的最大的动物。光是它们的尾部叶片就有足球场的球门那么宽，并且它们喷出的水柱不低于3层楼高。

灰鲸：灰鲸体长在10～15米之间，体重达30多吨。全身主要为灰色、暗灰色或蓝灰色，因此得名灰鲸，也有人称它是“灰色的岩岸游泳者”。灰鲸身体后部的皮肤凹凸不平，主要是被岩石或砂擦伤以及藤壶等寄生动物附着后留下的伤疤所形成的。它们的眼睛为卵圆形，位于口角的后面；耳孔较大，位于眼睛与鳍肢的基部之间，可以插入一枝铅笔。

露脊鲸：露脊鲸体长约13.6～18米，胸腹部无褶沟或纵沟，须板狭长，头部占体长的1/4以上。每当露脊鲸浮到海面上时，脊背几乎有一半露在水面上，而且脊背宽宽的。它们的名字便由此而来。鲸的口是很大的，尤以露脊鲸为最。此外，露脊鲸还有一个独特的标志——喷射出的水柱是双股的，而其他鲸类喷出的水柱都是单股。露脊鲸繁殖的速度极缓慢，雌鲸必须长到5～10岁才能怀第一胎，而且每3～4年才生育一次。

一角鲸与白鲸：一角鲸与白鲸具有许多相同的生理特征：体形和形状相似，头部浑圆，还有非常短

露脊鲸

的喙部；两者都没有背鳍，但在背部中央有低矮的纵脊；胸鳍都既小且圆，而且有将其末端卷起的倾向；尾鳍中央的凹刻明显。一角鲸与白鲸都具有数层厚厚的鲸脂，可以隔绝北极的冷冽海水。同时，一角鲸与白鲸的幼鲸体色也都比成鲸暗。

抹香鲸：抹香鲸是体形最大的齿鲸，抹香鲸的头非常大，仅仅一个头部就占据了身体长度的1/3。抹香鲸体内的龙涎香是一种非常名贵稀有的香料，在燃烧时，会发出一种类似麝香的香味，但其芳香更为幽雅，它的价值远远超过黄金。抹香鲸的名字就是因此而得来的。

（2）海豚

海豚和鲸一样，都属于鲸目哺

海　豚

乳动物。但是海豚比鲸小，而且它们的流线型体看起来更像鱼。海豚体形呈纺锤形，喙细长，额部隆起不明显，额与喙之间有明显的凹凸，背鳍、鳍肢呈三角形，末端尖。背部深蓝灰色，腹面白色，体侧前端为土黄色，后端为灰色。海豚的游泳速度非常快，可以达到每小时40千米。而且它们还喜欢嬉戏，表演各种高难度动作，例如快速跃出水面等等。

世界上有31种海豚，它们有鱼一样的体形、光滑的皮肤以及扁平的尾巴，凭此它们可以在游泳时毫不费劲地达到很快的速度。有些海豚可以连续几个小时保持每小时40千米的速度。除此之外，海豚是世界上最爱玩耍的动物之一，他们经常在波浪间嬉戏，和人类相处得很融洽，因此深受人们喜爱。

海豚的前额还有一个特殊的瓜状器官，能察觉其他动物的接近。

宽吻海豚

这个器官会发出“咔嗒”的响声，当声音碰到物体而发出回声时，海豚就能知道另一只在水中的生物的大小和距离，然后就向其他海豚发出危险警报。

宽吻海豚：宽吻海豚的身体为流线型，中部粗圆，从背鳍往后逐渐变细，额部有很明显的隆起。由于额部较大，所以头部吻突的实际长度较短。宽吻海豚的上下颌较长，因此获得了瓶鼻海豚的别名，它真正的鼻孔是头上的喷气孔。宽吻海豚的脸看上去像在微笑。宽吻海豚上下颌每侧各有大型牙齿21~26枚，长度为4~5厘米，直径为1厘米，是海豚科中牙齿最大的一种。

宽吻海豚常在靠近陆地的浅海地带活动，较少游向远海，一般随着水温和食物分布的变化可作向岸或离岸的洄游。喜欢群居，常见有数百只的大群出没，有时许多个体并驾齐游，同时沉浮，虽受惊扰而不散。广泛分布于大西洋、印度洋、南太平洋、地中海、黑海、红海等温带和热带各大海洋中，在我国见于渤海、黄海、东海、南海和台湾海等海域。

印度河海豚：印度河海豚是少数淡水海豚之一，其体长不超过2.5米。它们和生活在恒河中的海豚有较近的亲缘关系。印度河海豚的颌细长，牙齿非常尖利，宽宽的鳍状肢好像船桨。它们的眼睛很小，近乎失明，因此只能依靠回声定位来寻找食物。过去，整个印度河中都有这种海豚。但由于在河上建大坝、拦河坝等工程，拦住了海豚的洄游路线。现在，印度河海豚只生活在巴基斯坦境内的水域中，仅存不到500只。

鼠海豚：鼠海豚是一种可以长至1.85米的齿鲸。它北部黑色，腹部白色，生活在北大西洋欧洲、非洲和北美洲东岸、以及在黑海和太平洋亚洲和美洲的海岸附近。它以

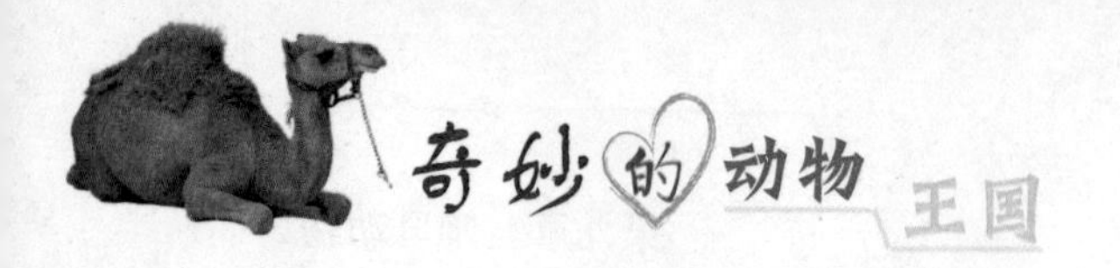

鱼、甲壳动物和乌贼为食。

鼠海豚看起来就像是小的海豚，只是身体更丰满，更具流线型。它们的吻部是圆钝的，而海润的吻部是尖喙形的。这种灰白色的动物一生大部分时间生活在近海或者浅海，有时会游到码头或者港口。尽管鼠海豚的分布较广，但是并不多见。这是因为它们十分怕羞，很少跳跃出海面，而且也不靠近来往船只。鼠海豚和海豚一样，都受到现代化捕鱼技术的很大威胁：一旦被鱼网缠住，无法浮到水面上来呼吸，它们就会死掉。

◆ **海豹科**

海豹都长着胖墩墩的纺锤型身体，圆圆的头上长着一双又黑又亮的大眼睛。它们的鼻孔是朝天的，嘴唇中间有一条纵沟，很像兔唇，唇上还长着短短的胡须。海豹短胖的前肢非常灵活，能抓住猎物而摄食，还会抓痒。它们平时常浮在水面上睡觉，到了冬季则在冰下生活。人们常会在冰面上看到一个圆孔，这正是海豹为自己开的呼吸孔。

（1）斑海豹

斑海豹体粗圆呈纺锤形，体重20～30千克。全身被短毛，背部蓝灰色，腹部乳黄色，带有蓝黑色斑点。头近圆形，眼大而圆。无外耳廓。吻短而宽，上唇触须长而粗硬，呈念珠状。四肢均具5趾，趾间有蹼，形成鳍状，具锋利爪；后鳍肢大，向后延伸，尾短小而扁平。雌性有一对乳房。毛色随年龄和季节发生变化，幼兽色深，成兽色浅。初生仔有一层具保护作用的白色绒毛。

斑海豹主要以鱼类为食，有时也吃甲壳类、头足类等海洋动物。它们特别善于潜水，有些可以在水下呆70分钟之久。主要分布在北太平洋海域及其沿岸的岛屿，在我国渤海海域也有斑海豹的踪迹。

斑海豹

（2）威德尔海豹

威德尔海豹体长3米左右，体重300多千克，雌性略大于雄性。它背部呈黑色，其他部分呈浅灰色，体侧有白色斑点，其数量约75万只。它在冰上繁殖，每胎产一仔，乳汁脂肪含量高，幼仔显得格外肥胖可爱。威德尔海豹出没于海冰区，并能在海冰下度过漫长黑暗的寒冬。它靠锋利的牙齿，啃冰钻洞，伸出头来，进行呼吸，或钻出冰洞，独自栖息，少见成群现象。雌性多栖于冰面，雄性多在水中，二者在水中交配。威德尔海豹是长潜和深潜的优胜者，以鱼类、乌贼和磷虾为食。分布在南极周围、南极洲沿岸和附近海域。人类容易接近其身旁。

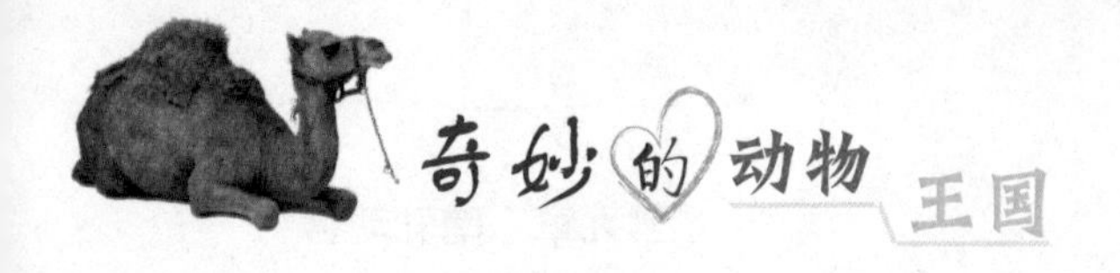

（3）象海豹

象海豹属哺乳纲，海豹科。是鳍足目中最大的种类，有两种：（1）北海象，雄的鼻长似象，分布于美国和墨西哥西部沿海；（2）南海象，雄的鼻上部皮肤长成囊状构造，能膨起，分布于南半球海洋中。雄海象体长5~6米，重约3000多千克；雌的体长3米左右，重约900千克。它们生活在海洋中，主要以小鲨鱼、乌贼和鳙鱼等为食。繁殖时期移至海岛。雌性个体常常成群出现在少数适宜的栖息地，而这些地方一般已经被具有优势的雄性个体所占据。

◆ **海狮科动物**

（1）海　狮

海狮是一种食肉性哺乳动物。它们大部分时间都在水中度过的，

象海豹

有时能够连续在海里呆几个星期。不过，它们都在岸上繁殖。其实，海狮长得并不像陆地上的狮子，只是咆哮的声音比较像而已。它们长着圆圆的脑袋，鳍状四肢如翅膀一般，后肢还可以转向前方。在陆地上，它们可行走自如；在海中，它们又是游得最快的动物。

海狮的种类比较多。大部分海狮全身长满浓密的短毛，但有些种类的雄海狮的颈部长着与陆地狮子相似的长而密的鬃毛。不同种类的海狮毛色也有些不同，有黄褐色、褐色和黑褐色等。而雄海狮的体长一般比雌海狮长，和一辆小轿车差不多。

每年的5~7月，海狮进入了繁殖季节。雌海狮喜欢在喧闹的地方建起生育场所。刚刚出生产完的海狮妈妈会返回海中为自己补充体

海　狮

力。而刚出生的小海狮很弱小，身长不足1米，体重只有5~10千克。它们会发出一种微弱的叫声。听到这种叫声，回家的海狮妈妈就会准确无误地认出自己的孩子。

（2）海　狗

海狗的体型很像狗，因此得名海狗。海狗的身体呈纺锤型，头圆嘴短，有小耳壳，眼睛较大。它们的四肢长期生活在水里而变成了鳍状，适于游泳。海狗的游泳技术非常高，时速可达30千米左右。其潜水本领更高，可潜入100多米深的深水处。海狗喜欢吃乌贼，也吃各种鱼类。其食量很大，一天要吃20多千克东西。它们多在白天下海捕食。海狗的听觉和视觉很灵敏，在明亮清澈的水中能辨识到物体；在夜晚或混浊的水中，还能施展利用回声定位的本领。

海　狗

◆ 海象科动物

海象是北极地区仅次于白鲸和格陵兰鲸的大型海兽。它们的特征就是无论雌雄都长着一对长长的獠牙，沿着嘴角向下伸出。海象的身体呈圆筒状，全身皮肤厚实而又褶皱丛生，脑袋长得又小又扁，脸上长满像刷子般坚硬的短胡须，一双小眼睛埋在皮褶里，几乎难以看见。海象生有4只宽大的鳍脚，两只后鳍脚可以向前弯曲，帮助它们一拱一拱地在海滩上爬行。

海象的长牙朝下生长，最长的可达1米，它们对海象非常有用，海象可以利用长牙把海底泥沙中的蛤蜊挖出来，再用宽大灵活的前鳍收集在一起，运到海面上以便食用，当海象攀登浮冰或山崖时，长牙则成了它们的攀登工具；当它们把猎物用前肢压住时，长牙则又成了它们的杀敌武器；海象还用长牙在冰上开洞以便呼吸；或者用长牙

海　象

海　象

作杠杆，将庞大的身躯弄到海岸或冰上去。

海象身体的颜色能发生非常奇妙的变化。在陆地上是棕灰色，到海中则变成灰白色。因为当海象浸泡在北极寒冷的海水中时，血管收缩，皮肤颜色即变为灰白色；而当海象来到陆地上后，它们的血管膨胀，血液循环加快，因此就变成棕灰色；盛夏时节，海象晒过太阳后，表皮血管膨胀，并散发体热，全身则会呈现玫瑰红般的颜色。

◆ 象科动物

象是当今地球上最大的陆生哺乳动物。它们的嗅觉和听觉发达，

视觉较差；它的鼻子就像人类的胳膊和手，可将水和食物送入口中；巨大的耳廓不仅能帮助聆听，也起着散热的作用；雄象的长獠牙是特化的上颌门齿。大象性情温和，彼此间很会表达感情。象是群居性动物，以家族为单位，有时数个家族结合在一起，形成数量达百只的象群。目前，象科主要包括亚洲象和非洲象两种。

（1）亚洲象

亚洲象是亚洲哺乳动物中的庞然大物，亚洲象全身深灰色或棕色，体表散生有毛发。成年雄性亚洲象肩高约2.4~3.1米，重约2.7~5吨，雌象体形稍小。象的耳朵很大，有丰富的血管以便散热，尾巴不长，顶端有毛刷。同非洲象相

亚洲象

比，亚洲象体形较小，耳朵较小，前额较平。

尽管历史上亚洲象的分布地较广，现在它们主要生活在南亚和东南亚。栖于亚洲南部热带雨林、季雨林及林间的沟谷、山坡、稀树草原、竹林及宽阔地带。常在海拔1000米以下的沟谷、河边、竹林、阔叶混交林中游荡。喜群居，每群数头、数十头不等，在林中游走后常形成明显的象路。

（2）非洲象

非洲象是陆地上体形最大的哺乳动物。它们厚厚的灰色或棕灰色的皮肤上长有刚毛和敏感的毛发。为了保护避免皮肤不受阳光灼晒或蚊虫叮咬，非洲象经常在泥中打滚，或用它们的鼻子在身体上喷洒泥浆。非洲象体形大过于亚洲象，最长可达1.5米的扇子一样的耳朵也比亚洲象的大。非洲象的背上还有一道凹进去的曲线。雌性和雄性

非洲象

非洲象都长有象牙，非洲象的象牙一生都在生长，所以年岁越大象牙越大。非洲象使用象牙采集食物、搬运、作为攻击武器。

历史上，非洲象居住在撒哈拉沙漠的以南地区，由于人类侵犯和农业用地不断扩张，非洲象的栖息地仅限于国家公园和保护区的森林、矮树丛和稀树大草原。

◆ **骆驼科动物**

骆驼科动物是最大的偶蹄类哺乳动物。它们可以适应于旱、炎热的气候，岔开的两个脚趾可以防止蹄子陷入松软的沙土中。在沙漠的夜晚中，它们的皮毛可以抵御寒冷；白天，它们的体温可随外界气温的变化而不断升高，以避免皮肤被晒伤。骆驼科动物都有长长的睫毛，细长的鼻孔，可以避免风沙吹

骆　驼

进眼睛和鼻子里。其裂开的嘴唇适于吃一些干枯的植物。骆驼科动物主要包括单峰驼、双峰驼、羊驼、驼马等。

骆驼背上的驼峰里，储存着大量的脂肪。这邪恶脂肪可以完全氧化为水，因此骆驼多日滴水不进地长途跋涉，靠的就是分解脂肪中中所储存的能量。当驼峰里的脂肪被分解后，骆驼的驼峰会逐渐萎缩甚至消失，这表明骆驼已经筋疲力尽了。

骆驼生活于戈壁荒漠地带，它的鼻孔里面长有瓣膜，在大风刮起时，骆驼将鼻孔关住，就不会受风沙的影响了。而且，骆驼的眼睫毛

双峰骆驼

是双重的，当风起沙扬时，双重眼睫毛将沙子挡住，不让沙吹进眼睛里。骆驼性情温顺，奔跑速度较快且有持久性，能耐饥渴及冷热，因此有“沙漠之舟”的称号。

（1）双峰骆驼

双峰骆驼别名“野骆驼”，原产在亚洲中部的土耳其、我国和蒙古，栖息于戈壁大平原、荒漠中的灌木丛地带。双峰骆驼的身躯较大，体重有450~650千克。其头部狭长，耳小多毛，鼻孔为裂状。双峰骆驼全身长有细密而柔软的绒毛，毛色多为淡棕黄色，颈部有鬃毛，前臂、驼峰上的毛稍长，多为棕黑色。它们几乎能吃沙漠和半干旱地区生长的所有植物，甚至连其他食草动物不吃的含碱盐植物也能吃。

双峰骆驼十分能耐饥渴。它们可以十多天，甚至是更长时间不喝水。极度缺水时，它们能将驼峰内的脂肪分解，产生水和热量。但它们一次饮水量高达57升，以便恢复体内的正常含水量。双峰骆驼比较温顺，易骑乘，更适于载重，在4天时间中可运载170～270千克东西，每天约走47千米路，每小时约行4千米，最高速可达每小时16千米。

（2）单峰骆驼

单峰骆驼原产在北非和亚洲西部及南部，比双峰骆驼稍高，体高180～210厘米，重450～650千克。它们的头小，颈长，身躯高大，毛褐色，背毛丰厚，背部有1个驼峰。刚出生的小骆驼是没有驼峰的，只有渐渐长大、开始吃固体食物后，驼峰才能逐渐长出来。单峰骆驼的食物非常丰富，所有能供食用的植物它们都能吃。它们的体温在一天中是不相同的，只有这样，才能保证在炎热的天气中不出汗，从而最大限度地保持体内水分。

在非洲和阿拉伯地区，单峰

骆驼常常被牧人饲养起来。单峰骆驼非常耐渴，在沙漠中，它们可以连续几天不进一点儿食物。一旦碰到水源后，又变得非常善饮，10分钟内就可以喝光100千克水。与双峰骆驼相比，单峰骆驼腿更长，躯体更轻，毛更短，行进速度能保持每小时13～16千米，而且能连续行进18小时。

（3）羊驼

羊驼分布于美洲玻利维亚、智利和秘鲁等地。其脸似绵羊，因此有了“羊驼”。它们的体形较小，脖颈较长，背上没有肉峰，毛质柔滑细软，毛色有浅灰、深灰和棕黄等。羊驼的身体比较纤细苗条，这使得它们能够很敏捷地在岩石上攀缘。它们常成群地生活在高山上，由1只羊驼担任警卫，其他的在山坡上吃草。羊驼一般生活在海拔

羊 驼

3650~4800米的安第斯山脉上，它们毫不惧怕氧气稀薄，这是因为其血液中有更多的携带氧气的红细胞。

（4）驼马

驼马是最小的骆驼科动物，没有驼峰，有修长的四肢、长长的脖子、能够敏捷地穿梭于崎岖不平的地带。驼马的毛色以棕黄为主，仅喉、胸、腹和四肢的内侧呈白色。驼马的毛柔软细长，人们饲养它们，主要是为了获取它们名贵的皮毛，同时也把它们用作驮役工具。但驼马性情急躁，很难驯养。

◆ **鹿科动物**

鹿科动物是世界最漂亮的食草哺乳动物。它们一般都长着修长的腿和长长的脖子。鹿科动物也是唯一长鹿茸（鹿角）的哺乳动物。鹿茸为骨质，每年都自行脱落。但只有成年雄鹿才长鹿角。繁殖季节，牡鹿利用鹿茸来争夺交配机会。有些鹿身上有斑点，有些没有。世界上共有约45种鹿，它们广泛地分布在除澳大利亚外的世界各地的森林里和草原上。

（1）獐

獐被认为是最原始的鹿科动物，原产地在中国东部和朝鲜半岛，1870年代被引入英国。比麝略大。《本草纲目》说注：“獐无香,有香者麝也,俗称土麝,呼为香獐”。獐生活于山地草坡灌丛、草坡中，不上高山，喜欢在河岸、湖边等潮湿地或沼泽地的芦苇中生活。栖息于河岸、湖边、湖中心草滩、海滩芦苇或茅草丛生的环境，也生活在低丘和海岛林缘草灌丛处。它们选择附近有水的草滩或稀疏灌丛生境。白天大部分时间漫游觅食，晚上在蒿草或芦苇丛中休息。擅长游泳，能在岛屿与岛屿和岛屿与沙滩间迁移。

驼　鹿

（2）驼　鹿

驼鹿形状略像牛，比牛高大，因背部明显高于臀部，状如驼峰而得名。头大颈粗，吻部突出，鼻孔较大，鼻形如驼；背部平直，臀部倾斜；四肢高大；尾较短；雄兽头上长着大角，角的枝杈间互相融合，形成侧扁掌状或叶状，雌兽虽不长角，但在相应部位略有突起；喉部具1个悬垂体，上面生有束状长毛；主蹄大，呈椭圆形，侧蹄细长触地面。驼鹿是鹿科中体型最大的种类。

驼鹿是典型的亚寒带针叶林动物，主要栖息于原始针叶林和针阔混交林中，多在林中平坦低洼地带、林中沼泽地活动，从不远离森林，但也随着季节的不同而有所变化。

（3）驯　鹿

驯鹿体型中等，体长100～125厘米，肩高100～120厘米；雌雄都具角；角干向前弯曲，各枝有分杈，雄鹿3月脱角，雌鹿稍晚，约在4月中、下旬；驯鹿头长而直，耳较短似马耳，额凹；颈长，肩稍隆起，背腰平直；尾短；主蹄大而阔，中央裂线很深，悬蹄大，行走时能触及地面，因此适于在雪地和崎岖不平的道路上行走；体背毛色夏季为灰棕、栗棕色，腹面和尾下部、四肢内侧白色，冬毛稍淡、灰褐或灰棕，5月开始脱毛，9月长冬毛。分布于欧亚大陆、北美、西伯利亚南部。中国亚种分布在大兴安岭西北坡，目前仅在内蒙古自治区额尔古纳左旗尚有少量饲养。

（4）水　鹿

水鹿是热带、亚热带地区体型最大的鹿类，身长140~260厘米，尾长20～30厘米，肩高120～140厘米，体重100～200千克，最大的可达300多千克。雄鹿长着粗长的三叉角，最长者可达 1米。毛色呈浅

水　鹿

棕色或黑褐色，雌鹿略带红色。颈上有深褐色鬃毛。体毛一般为暗栗棕色，臂部无白色斑，颌下、腹部、四肢内侧、尾巴底下为黄白色。

水鹿与其他鹿种相区别的重要特征是：角小、分叉少；门齿活动；颈腹部有手掌大的一块倒生逆行毛；毛呈偏圆波浪形弯曲。主要栖息于海拔300～3500米之间的阔叶林、季雨林、稀树草原和高草地等环境。喜欢在日落后活动，无固定的巢穴，有沿山坡作垂直迁移的习性。其活动范围大，很少到远离水的地方去。

（5）白唇鹿

白唇鹿为大型鹿类，体型大小与水鹿、马鹿相似。唇的周围和下颌为白色，故名“白唇鹿”，是我国青藏高原特产动物。

白唇鹿体重在200千克以上，体长1.55～1.9米，站立时，其肩部略高于臀部。耳长而尖。雄鹿具茸角，一般有5叉，个别老年雄体可达6叉，眉枝与次枝相距远，次枝长，主枝略侧扁。因其角叉的分叉处特别宽扁，故也称做扁角鹿。雌鹿无角，鼻端裸露，上下嘴唇，鼻端四周及下颌终年纯白色。臀部具淡黄色块斑。

雌鹿3岁即可参与繁殖，而雄鹿一般要到5岁才能参与交配。每年长茸、脱角一次。鹿茸产量较高，是名贵中药材。分布海拔在3500～5100米的山地灌丛及高山草甸处，尤以林线一带为其最适活动的生境。

（6）麋　鹿

麋鹿是我国特有的动物也是世界珍稀动物。它善游泳，再加上宽大的四蹄，非常适合在泥泞的疏林沼泽地带寻觅青草、树叶和水生植物等食物，栖息活动范围在今天的长江流域一带。黄河流域是人类繁衍之地，生息于此的麋鹿自然成了人们为获得食物而大肆猎取的对

麋　鹿

象，致使这一珍奇动物的数量急剧减少，其野生种群很快便不复存在了。值得庆幸的是，早在3000多年前的周朝时，麋鹿就被捕进皇家猎苑，在人工驯养状态下一代一代地繁衍下来，一直到清康熙、乾隆年间，在北京的南海子皇家猎苑内尚有200多头。这是在中国大地上的人工环境中生活的最后一群麋鹿。根据大量化石和历史资料推断，野生麋鹿大概在清朝才濒临灭绝的境地。

1865年，法国传教士兼博物学家阿芒·戴维神甫在北京南部考察动植物时发现了这种奇特的动物，这是世人第一次从学术角度知道了麋鹿。1894年，永定河水泛滥，冲破了南苑的围墙，逃散的麋鹿成了饥民们的果腹之物。到1900 年，八国联军侵入北京，南苑里的麋鹿几乎被全部杀光。一部分被运往为欧洲各地。据说仅剩下一对，养在一处王府里，以后转送万牲园（现北京动物园），也死掉了。至此，中国特产动物麋鹿，在国内完全灭绝。而乌邦寺庄园内所饲养的麋鹿也成为了世界上仅有的麋鹿群。

野生的麋鹿虽然灭绝了，但是通过放养，最终在中国重新建立了麋鹿的自然种群。1985年8月从英国乌邦寺迎归了20头年轻的麋鹿，放养在清代曾豢养麋鹿的南海子，并建立了一个麋鹿生态研究中心及麋鹿苑；1986年8月，英国伦敦动物园又无偿提供了39头麋鹿，放养在大丰麋鹿保护区至今，这两处的麋鹿都生长良好，并且繁殖了后代。为此，我国重新把麋鹿列为一级保护动物。

（7）长颈鹿

长颈鹿是陆地上现在动物中最高的，也是全世界动物中脖子最长的，主要分布于撒哈拉沙漠以南地区的稀树草原和森林边缘地带。长颈鹿长着一条优雅的长颈，头上还有一对小角，大而突出的眼睛位于头顶，可环顾360度，很适合

麋　鹿

长颈鹿

远眺。

长颈鹿硕长的脖子具有得天独厚的优势。首先，它可以用于警戒放哨、了解敌情和寻求食物，正所谓“站得高，看得远”。另外，它还是一个卓有成效的冷却塔，长颈鹿靠脖子散热，可以适应热带炎热气候。此外，在前进的时候，长颈鹿的长脖子还能用于增大动力，在漫步、跑动时，脑袋就被置于前方，借以往前推移它的重心。

◆ 牛科动物

牛科动物分布在除南美洲、澳大利亚和新西兰以外的世界绝大部分地区，在世界各地还可以见到被驯化了的牛科动物，例如牲畜牛、绵羊、山羊和羚羊。牛科动物大多

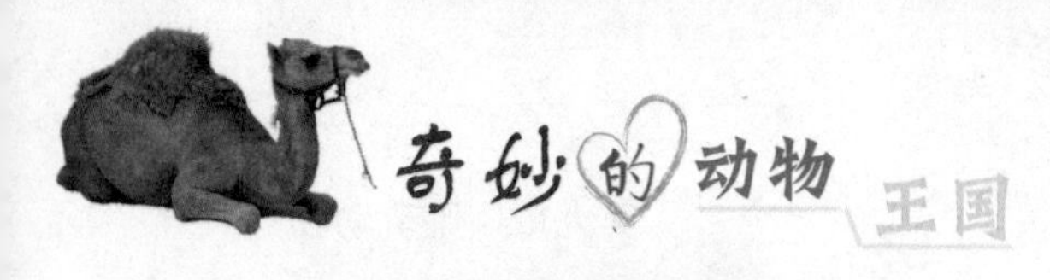

非洲水牛

雌雄均有角，门齿和犬齿均退化，反刍功能完善。它们的感觉非常灵敏，并且一般都成群地生活在一起，这样更容易及时发现危险，避免受到袭击。

（1）非洲水牛

非洲水牛平均高度约1.7米，体长3.4米，体重平均有900千克，而体型大的能超过1500千克。主要分布在非洲中部及南部的大草原上。是非洲草原上体型最大的动物之一，虽是食草动物，但却是最可怕的猛兽之一。它们集体作战，由一头成年雄性水牛带头，组成大方阵冲向入侵者，通常有数百头甚至上千头，它时速高达60千米，在这样的阵势下，人会被踏成肉泥。每年都传出非洲水牛杀伤成倍的人的消息。非洲水牛每年杀死的人数要比其它任何动物杀死的都多。

（2）牦　牛

牦牛被称作高原之舟，是西藏

牦　牛

高山草原特有的牛种，主要分布在喜马拉雅山脉和青藏高原。牦牛全身一般呈黑褐色，身体两侧和胸、腹、尾毛长而密，四肢短而粗健。牦牛生长在海拔3000～5000米的高寒地区，能耐零下30℃～40℃的严寒，而爬上6400米处的冰川则是牦牛爬高的极限。牦牛是世界上生活在海拔最高处的哺乳动物。

牦牛分为野牦牛和家牦牛，野牦牛体形笨重、粗壮，但比印度野牛略小，体长为200～260厘米，尾长约80～100厘米，肩高160～180厘米，体重500～600千克，雄性个体明显大于雌性个体。野牦牛具有耐苦、耐寒、耐饥、耐渴的本领，对高山草原环境条件有很强的适应性。青藏高原特有牛种，为国家一

藏 羚

类保护动物。

（3）藏 羚

藏羚又叫藏羚羊，一般体长135厘米，肩高80厘米，体重达45～60千克。形体健壮，头形宽长，吻部粗壮。雄性角长而直，乌黑发亮，雌性无角。鼻部宽阔略隆起，尾短，四肢强健而匀称。全身除脸颊、四肢下部以及尾外，其余各处被毛丰厚绒密，通体淡褐色。

它们生活于青藏高原88万平方千米的广袤地域内，栖息在4000～5300米的高原荒漠、冰原冻土地带及湖泊沼泽周围，藏北羌塘、青海可可西里以及新疆阿尔金山一带令人类望而生畏的“生命禁区”，藏羚特别喜欢在有水源的草滩上活动，群居生活在高原荒漠、冰原冻土地带及湖泊沼泽周围。

藏羚是中国青藏高原的特有动物、国家一级保护动物， 也是列入《濒危野生动植物种国际贸易公约》中严禁进行贸易活动的濒危动物。由于藏羚独特的栖息环境和生活习性，目前全世界还没有一个动物园或其它地方人工饲养过藏羚，而对于这一物种的生活习性等有关的科学研究工作也开展甚少。

（4）水　羚

水羚身体非常强壮，肩高有1.3米，体重可以达到200千克。它们身上的毛为灰色或者红棕色，上面还有一种油性物质，闻起来很像麝香。雄性水羚长有弯曲的长角，形状好像钳子。水羚总是在水边活动，所以才得到这个名字。它们主要以草为食。在交配季节，雄性水羚之间用角作为武器，彼此争夺交

水　羚

配伴侣或者保卫各自的领地，时常会出现受伤的情况。

（5）麋　羚

麋羚又称红麋羚、狷羚，曾广泛分布在非洲撒哈拉以南的开阔草原和灌木地区。麋羚雌雄两性都长有一对角，角细长而弯曲，上有环纹，而且像牛角那样在角根部相连，麋羚的食物主要是草，进食时间集中在早晨和下午。麋羚曾经数量庞大，但由于人类的滥捕滥杀和栖息地被掠夺，现在只有在非洲南部较少的地方才能看到它们。

◆ **马科动物**

几百万年以来，马已由原来栖息在森林中的动物进化成能够在草原上疾驰的动物。马科动物主要包括家养马、野马、驴子和斑马等。它们细长的腿上仅有单趾，有蹄，擅长在草原上快速奔跑。长长的脑袋上长着视野开阔的眼睛，帮助它们在进食的时候发现敌人。马的嗅觉和听觉非常灵敏，但视觉较差，它们只能分辨黄、绿、青、红等基本色。

（1）斑　马

斑马是最著名的非洲动物之一，遍布非洲东部、中部和南部的平原和草原。斑马一个最显著的特征，就是全身上下披着黑白相间的条纹。这些条纹不仅可以扰乱敌人的视线，还可以作为种族间互相辨认的标志，因为每个种类都有自己的条纹图案。斑马奔跑的速度很快，当它们被追赶时，其速度可以达到80千米，因此常可以逃脱一般捕食者的追击。

水对斑马十分重要，在缺少水的地方，斑马会自己挖井找水。在所有动物中，斑马找水的本领最高明，它们靠着天生的本能，找到干涸的河床或可能有水的地方，然后用蹄子挖土，可以挖出深达1米的水井。

斑　马

（2）野　马

野马别名“蒙古野马”“普式野马”，是世界上现存的唯一一种野生马。野马的背上、腿上都有鬃毛竖立，是驯养马的近亲。它们一般常栖息于草原、丘陵及沙漠地带，喜欢一二十四一起过游牧生活，每群由一匹公马率领。野马耐渴，可3天才饮水一次。感官敏锐，性机警、凶野，耐饥渴，善奔跑。以野草、苔藓等为食。喜食芨芨草，梭梭，芦苇，冬天能刨开积雪觅食枯草6月份发情交配，次年4～5月份产仔，每胎1仔，幼驹出生后几小时就能随群奔跑。

野马体格健壮，性情剽悍，蹄子小而圆，奔跑很快，耐干旱。在沙漠、草原上，它们有时遇到狼

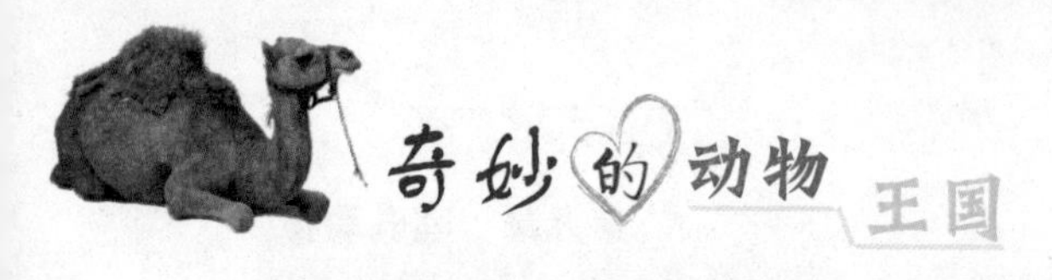

野 马

群，并不畏惧潜逃，而是镇静地迎击狼群。有时它会突然发动进攻，向狼冲去；有时，迅速转过身来，扬起后蹄猛踢。因此，狼不敢轻易侵犯它。

（3）非洲野驴

体长200厘米，尾长42厘米，体重约275千克。耳较亚洲野驴长。前腿内侧有一块黑色圆形裸斑。身体是短少平滑的毛皮，呈浅灰色至淡黄褐色，但在腹部及脚部很快转为白色。鬃毛短，肩部有一道黑色横纹，尾尖有长毛。是家驴的祖先。它们生活在东非的草原及其他干燥的地区。栖息于干旱半干旱的裸岩荒漠地区，耐热和烈日暴晒，对水源要求不高，以沙漠植物为食。常10~15头结成小群，由一头机警的雌驴带领。圈养下寿命可达40年。

◆ 犀科动物

犀牛是哺乳类犀科的总称，主要分布于非洲和东南亚。是最大的奇蹄目动物，也是仅次于大象体型大的陆地动物。所有的犀类基本上是腿短、体粗壮。体肥笨拙，体长2.2～4.5米，肩高1.2～2米；体重2800～3000千克，皮厚粗糙，并于肩腰等处成褶皱排列；毛被稀少而硬，甚或大部无毛；耳呈卵圆形，头大而长，颈短粗，长唇延长伸出；头部有实心的独角或双角（有的雌性无角），起源于真皮，角脱落仍能复生；无犬齿；尾细短，身体呈黄褐、褐、黑或灰色。

（1）印度犀牛

印度犀牛是一种最原始的犀牛，皮肤有又硬又黑呈深灰带紫色，上面附有铆钉状的小结节；在肩胛.颈下及四肢关节处有宽大的褶缝，使身体看起来就像穿了一件盔甲。雄性鼻子前端的角又粗又短，而且十分坚硬，所以人们又称之为“大独角犀牛”。

犀　牛

印度犀牛现仅产于泥泊尔和印度东北部。它们喜欢栖息在草地、芦苇和沼泽草原地区，几乎每天都要进行泥浴，来清除并防止蚊虫叮咬。它们通常在清晨和傍晚觅食草、芦苇和细树枝等。世界上现存的印度犀牛约有1000~1500只。

（2）苏门答腊犀牛

苏门答腊犀牛高1.2 ~ 1.5米,长2.5 ~ 3.2米，重量800千克。据估计,现存苏门答腊犀数量不足400只,是存量第二少的大型动物.苏门答腊犀牛是长毛犀牛与地球上最早的犀牛的后裔，它们普遍被人认为过去 200 万年来没有任何改变。这种长相原始的犀牛也称为“毛犀牛”，全身覆盖一层长的、红褐色的毛。不仅是亚洲唯一的双角犀牛，站立时身高有 0.9 到 1.5 米，也是全球体型最小的犀牛。苏门答腊犀牛行动敏捷，可以爬上陡峭的坡地与穿越茂密的矮树丛。它们原来在开阔地区生活，现主要在茂密丛林中近水源的地区活动，清晨和傍晚觅食树叶、细树枝、竹笋，偶尔也吃果子。

（3）爪哇犀牛

爪哇犀体重1500~2000 千克之间，体长为2~4米，肩高1.5 ~1.7

苏门答腊犀牛

米。皮肤呈灰色，它喜欢栖息在低地雨林的水塘边，以树枝，嫩叶和果子为食。尽管视力不佳，但也有敏锐的嗅觉和听力。过去爪哇犀和印度犀牛曾一度被认为是同一物种，事实上印度犀体形要大些，它的皮肤折叠稍微有异与爪哇犀，相对来说爪哇犀皮肤更加光滑。它们原生活于热带密林中，现分布在亚洲爪哇岛最西端的库隆半岛上的帕奈坦自然保护区。爪哇犀牛的的种群数量已经不足100头，濒临灭绝。主要原因是低地森林生境缺乏。

◆ 灵长类动物

（1）原　猴

原猴家族是低等的灵长目动物。它们的颜面通常较长而似狐，夜行性成员较多。原猴多有较大的眼睛，有些种类嗅觉比较发达，耳能转向。其脑量相对较小，额骨和下颌骨未愈合。其趾端有爪，5趾只能同时伸屈，不能单独活动。原猴家族成员现包括狐猴、懒猴、指猴和熊猴等。

懒猴：懒猴又名蜂猴、风猴。体型较小，身长约 28~35 厘米，体重1.5千克左右。尾极短且常隐于毛被中。体成圆柱状，四肢短粗而等长。全身被浓密而柔软的短毛，背毛红褐，腹毛灰白，自头顶至尾部有一道棕褐色脊纹。毛茸茸的圆脑袋两侧长着一对小耳朵，耳毛的棕红与头侧的灰白形成鲜明的对比。白天，懒猴多蜷成球状藏在高大的乔木树冠中、枝丫上或树洞里酣睡；行动异常缓慢，只有危急时才有所加快，所以名字由此而来。一般以野果为食，也捕捉昆虫、小鸟，特别爱吃鸟蛋。主要栖于热带沟谷雨林中，迄今仅见于云南南部和西部。

树熊猴：树熊猴生活在非洲热带森林里，从几内亚到肯尼亚、乌干达都有分布。它们动作迟缓，行踪隐秘，主要以昆虫和鸟为食，有时也吃野果。白天在树叶丛中睡觉，几乎不到地面上活动。它们身体约长38厘米，长有宜于抓握的手，拇指和其他手指相对，可以握紧各种不同形状的树枝。树熊猴不能逃跑，所以其肩胛处长有一突起，遇到攻击时，它便弓起身体，使敌人只能咬它的肩部，而其长而尖的骨头这时便突出来保护自己不受伤害。它们在树上爬行时像走钢丝一样小心而缓慢，而且夜出昼伏。

懒 猴

环尾狐猴：环尾狐猴，又叫节尾狐猴。它们体型如猫，是哺乳动物中繁殖期最短的一种，每年仅两周，一只雌猴接受雄猴的时间不足一天。环尾狐猴不仅像猫，而且还会发出猫一样的叫声，它们用四肢走路，成群活动，大部分时间在地面上，喜打逗嬉戏。它们身上有三外臭腺，以分泌物作为路标和领地的记号，其中有一个臭腺是雌雄都有的，长在腕关节内侧，表面看就像一块凸起的黑皮。还可用作攻击的武器，当敌人进犯时，它把手臂弯曲，并且用尾巴摩擦手腕和腋窝，尾巴不停地甩动，把臭气扇向敌人，熏跑敌人。环尾狐猴生活在非洲马达加斯加，这里已经成了狐猴最后的避难所，除了这座岛屿，这种长有一双美丽大眼睛的灵长类动物已经在地球上的其他地方消失了。

指猴：指猴因指和趾长而得名。体型象大老鼠，体长36～44厘米，尾长50～60厘米，体重2千克；体毛粗长，深褐至黑色,脸和腹部毛基白色，颈部毛特长有白尖；尾比身体长，尾毛蓬松，形似扫帚，毛长达10厘米，黑或灰色；体纤细；头大吻钝；耳朵非常大，膜质；除大拇指和大脚趾是扁甲外，其他指、趾具尖爪；牙齿结构象鼠，只有20枚；四肢短，腿比臂长。分布于马达加斯加东部沿海森林。

指猴栖息于热带雨林的大树枝或树干上，在树洞或树杈上筑球形巢。单独或成对生活,夜间活动。喜食昆虫,还吃甘蔗、芒果、可可，在饲养条件下亦吃香蕉、枣和鸡蛋。取食时常用中指敲击树皮，判断有无空洞，然后贴耳细听，如有虫响，则用门齿将树皮啮一小洞，再用中指将虫抠出。吃浆果时也是用中指将水果抠一个洞，从中挖出果肉。

（2）猴

猴属灵长目类人猿亚目，比原猴动物要高级。它们体形中等，四肢等长或后肢稍长，尾巴或长或短，有颊囊和臀部胼胝，以树栖或陆栖生活为主。这是猴类的共同特征。猴大脑发达，手趾可以分开，有助于攀爬树枝和拿东西。从森林到草原的生活过程中，猴一直以惊人的速度在进化，成为与人类亲缘关系最近的一类动物。

猴子是和猿有密切关系的动物类别。包括狒狒、猕猴、疣猴和狨猴等。猴子和猿的样子相似，不过猴子比猿小一些。和猿不同的是，多数猴子都有尾巴，爬树时就用尾巴保持平衡。有些猴子的尾巴很有力，可以用来抓紧东西，但是猿没有尾巴。猴子和猿一样吃各式各样的食物，包括水果、叶子、昆虫和鸟蛋。

猕猴是群居性动物，常十余只

乃至数百只一群。在这样的团体中，猕猴避免不了各种各样的社交活动。它们发出各种声音进行相互之间的联系，还会做手势及摆出不同的架势来表达自己的意思，互相之间梳毛也是它们的一项重要社交活动。

松鼠猴：松鼠猴体长20厘米～40厘米，但尾巴却长达42厘米，体重只有750克到1100克。极具观赏价值。松鼠猴体形纤细，它们尾巴短，毛厚且柔软，体色鲜艳多彩，口缘和鼻吻部为黑色，眼圈、耳缘、鼻梁、脸颊、喉部和脖子两侧均为白色，头顶是灰色到黑色。背部、前肢、手和脚为红色或黄色，腹部呈浅灰色。它们具有一对眼距宽宽的大眼睛，和一对大耳朵。尾巴可以缠绕在树枝上。分布于南美洲的大多数国家，是南美洲最普通的一种猴。

长尾叶猴：长尾叶猴是叶猴中体型最大的一种，体长约70厘米，体重约20千克。尾长达100厘米以上。颊毛和眉毛发达。长尾叶猴以几乎与身长相当甚或更长的尾部得名。体毛主要为黄褐色，额部有一些灰白色的毛，呈旋状辐射，面颊上有一圈白色的毛。身披灰黄褐色长毛（有的毛色暗些）。头顶冠毛，真如戴着一顶帽。眉毛向前长出，也很长。头、面、颏、喉都长有白毛，长相颇为潇洒。但初生时

长尾叶猴

毛色不同，为棕黑色，到二至五个月大时成为浅灰色，随后逐渐变成黄褐色，成年才转成灰黄褐色。头部圆，吻部短，四肢都很长，尾巴更长，呈土灰色或灰棕色，幼小时非常可爱。

金丝猴：金丝猴体长约70厘米，尾长约与体长相等或长些。鼻孔大，上仰。唇厚，无颊囊。背部的毛长发亮，颜色为青色，头顶、颈、肩、上臂、背和尾的毛为灰黑色，头侧、颈侧、躯干腹面和四肢内侧的毛为褐黄色，毛质十分柔软。

金丝猴共四种，分别是川金丝猴、滇金丝猴、黔金丝猴和越南金丝猴。仅我国分布的三种均已被列为国家一级保护动物。金丝猴群栖高山密林中。主要在树上生活，也在地面找东西吃。以野果、嫩芽、竹笋、苔藓植物为食。主食有树叶、嫩树枝、花、果，也吃树皮和树根，爱吃昆虫、鸟、和鸟蛋。

金丝猴是很美丽的：天蓝色的面孔上嘴大而突出，因其鼻孔极度退化，即俗称“没鼻梁子”，因而使鼻孔仰面朝天，所以又有“仰鼻猴”的别称。古人有人担心这种特殊的鼻孔下雨时雨水会从鼻孔灌进肚子里去，所以有古书记载金丝猴

金丝猴

的尾巴分叉，下雨时用两个尾巴尖堵住朝天的鼻孔。其实，在陆生哺乳类中并没有尾巴分叉的动物，这种说法应该属于谣传。

（3）狒 狒

狒狒属灵长目，广泛分布在中非地区。其脸为黑色，额头突出，瞳距很小，浑身长满橄榄褐色斑纹毛发，靠四肢行走。成年公狒狒的牙齿长而尖，肩膀上的毛像披风。世界上最典型的狒狒是阿拉伯狒狒，萨瓦纳狒狒和几内亚狒狒。

狒狒通常由40~80只组成一个群体。在这个群体中，有着严格且复杂的等级结构。通常，成年母狒狒的数量比公狒狒多两倍以上，狒狒群里的等级，由母狒狒设立，并由“家庭”组织而成。在每一个“家庭”中，母狒狒的地位最高，它的孩子根据其年龄的不同具有不同的等级，等到发育成熟后，公狒狒就离开群体，而母狒狒则留在群体中生活并继承母亲的地位。

每天早晨起来，每个家庭的狒狒都会沿着一条固定的路线出去活动，这成为一件十分危险的事情。

狒 狒

因为当狮子和巨蟒知道了它们的这一固定行踪后，常常会在其活动处等着它们的到来。因此，每次外出活动前，狒狒都要做出周密的安排。

（4）长臂猿

长臂猿是灵长类动物中最灵活的动物。它们的前臂特别长，身长还不到1米，而双臂展开却有1.5米长，站起来时“手”可以碰到地上。长臂猿一般生活在高大的树林里，像荡秋千一样从一棵树跳到另一棵树上，一次可跨越3米。可长臂猿一旦来到地面上，走起路来就会摇摇晃晃，非常笨拙，两条长臂简直没地方放，只好向上举起，做出一副“投降”的怪模样。

白眉长臂猿：白眉长臂猿别名通臂猿，其最显著的特征是两眉为白色，头顶部的毛向后生长，像个老寿星。它们栖息在热带原始森林中，几乎常年生活在树上，靠两条

长臂猿

长臂猿

长臂和钩形的长手把自己悬挂在树枝上，像荡秋千似的荡越前进。它们偶尔也到地上行走，走路时，身体半起立，两臂有时弯在身子两侧，有时举过头顶，走起路来一摇一摆。其叫声洪亮，数里外都能听见。白眉长臂猿产于我国云南、西藏等地，其分布区域狭窄，数量稀少，现已濒于灭绝。

黑长臂猿：黑长臂猿是灵长类中进化速度较高的类人猿。它们的尾巴已消失，下肢短，上肢长，手好像是钩子，所以可以用手臂吊在树枝上在林间穿行。前进时，两臂互相交叉移动，时速可达15千米。据说，用这种运动方式，长臂猿还能抓住空中的飞鸟。黑长臂猿以家族群活动，每个家族占据一片森林作为领地。每天清晨，雌猿先发出高亢的叫声，随后雄猿与子女也加入。这种特有的喊叫正是它们保卫自己领地的呼喊。

（5）猩　猩

猩猩分布在苏门答腊岛和婆罗洲，栖息于变化较少的热带雨林中。猩猩身高有1.15～1.37米。它们的腿部明显比手臂长，双臂展幅为2.25米。猩猩的眉弓不明显，眼睛很小，且中间距离不大，这使它们的脸庞和眼神像人类。成年雄性首领脸上还有异常厚的脂肪赘疣。猩猩的手和脚非常相似，因此可以说它们有四只手。其手掌非常发达，又长又结实的手指可以弯曲成钩状，这样可确保猩猩在行动时抓握的稳固性。

猩猩是类人猿中体重仅次于大猩猩的动物，也是惟一的一种长着红毛的类人猿。猩猩粗陋的面孔与巨大的身体看起来十分吓人，但实际上它们是非常平和的。雄性猩猩身高不足1米，体重可达90千克；雌猩猩比雄猩猩矮，体重也只有雄猩猩的一半重。猩猩可以像人一样直立行走，喜欢用长臂折树枝来搭窝睡觉。

（6）大猩猩

大猩猩属灵长目哺乳动物，是人类最近的“近亲”。它在所有猿类中体型最大，重达225千克，站起来有2米高，不过它们多是很温和的素食动物。世界上一共有3种大猩猩，全部产在非洲，分别为西部低地大猩猩、东部低地大猩猩和山地大猩猩。大猩猩一般组成12只

猩　猩

猩 猩

左右的团体，过群居生活。它们通过面部表情以及三十多种不同的叫声来进行交流。野生状态下，大猩猩在13～16岁之间开始繁殖后代，平均寿命为60岁左右。

大猩猩是灵长类中最大的动物，身体异常壮大魁梧，力大无穷，据说连大象见了它们也会退避三舍，因而被称为森林中的“金刚”。大猩猩结成一小群在一起生活，吃叶子、茎和根。

（7）黑猩猩

黑猩猩分布在非洲中部及西部，栖息在高大茂密的落叶林中。

黑猩猩

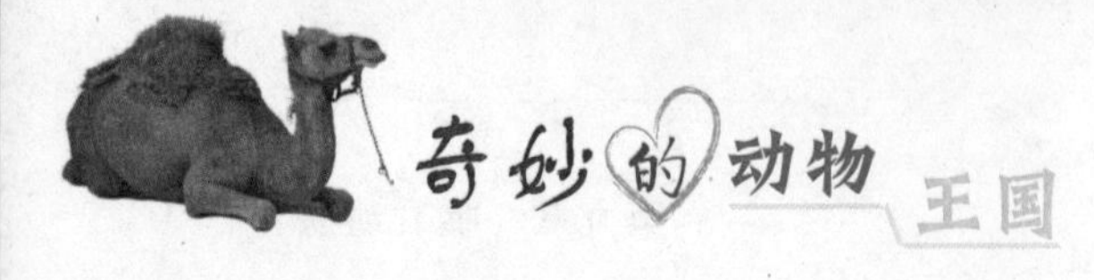

黑猩猩有1.2～1.5米高，重45～75千克。除了脸部之外，黑色的毛覆盖了它们全身浅灰褐色和黑色的皮肤。黑猩猩的脑袋比较圆，最大的特点是长了一对特别大的、向两边直立起来的耳朵。它们的眉骨比较高，眼睛深深地陷了下去，鼻子很小，嘴唇又长又薄，没有颊囊。黑猩猩的手脚比较粗大，腿比臂短，站着的时候，臂可以垂到膝盖下面。

黑猩猩的脸部表情、玩游戏的方式、制造工具以及解决难题的方法，最会使我们联想起人类自己。黑猩猩过群居生活，有时候也和邻近的黑猩猩群打架。它们的主要食物是植物的果实、叶、种子和花，以及昆虫，有时也吃比较大的动物，如猴子和鹿。